JN083893

ヤマケイ文庫

人を襲うクマ

遭遇事例とその生態

Haneda Osamu

羽根田 治　解説・山﨑晃司

YL

Yamakei Library

人を襲うクマ　目次

◉第四章

クマの生態と遭遇時の対処法

カバー、本文写真＝澤井俊彦
四章写真＝山﨑晃司
＊川苔山、高島トレイル、笠山の写真は、被害者本人の提供によるものです。

◉第一章

日高・カムイエクウチカウシ山のヒグマ襲撃事故

ヒグマの襲撃

福岡大学ワンダーフォーゲル同好会パーティが、北海道日高山脈における夏季合宿に向けて地元博多を発ったのは、一九七〇（昭和四十五）年七月十二日のことである。

メンバーは、リーダーの太田陽介（仮名・三年）を筆頭に、サブリーダーの辻博之（仮名・三年）、平野哲哉（仮名・二年）、坂口剛（仮名・一年）、杉村仁志（仮名・一年）の五人。一行は列車を乗り継いで北上し、十四日の午前十時四十分、根室本線の新得駅に到着した。さらにバスとタクシーを使って芽室岳登山口まで入り、清水町営林署で登山計画を提出したのち入山。この日は登山口より二十分ほど歩いた地点で幕営した。

翌十五日の午前十時、芽室岳の山頂に到着し、そのまま日高山脈を南下。十九日にルベシベ山分岐、二十二日にピパイロ岳、二十三日には戸蔦別《トッタベツ》岳を経て七ツ沼カールに幕営した。この日、七ツ沼カールに到着したのが午後十二時半と早かったので、五人は幌尻岳を往復。山頂で出会った登山者から周辺ルートの情報を聞き出し、七ツ沼カールからは新冠川を下って二股に出て、そこからもう一本の沢を遡っていってエサオマントッタベツ岳の北カールに向かうことにした。また、残りの食料と日数を考え、カムイエクウチカウシ山で合宿を打ち切って下山することも、太田と辻の話し合いによって決められた。

二十四日はエサオマントッタベツ岳の北カールに続く沢の途中で幕営し、エサオマントッタベツ岳の山頂に立ったのが翌二十五日の午前九時四十分。午後一時十分には春別岳に着き、午後三時二十分、一九〇〇メートル峰（一九一七メートル峰か一九〇三メートル峰のどちらかかと思われる）直下一五〇〇メートルの九ノ沢カールにテントを設営した。

その後、夕食をとって全員がテントの中にいた午後四時半ごろのことだった。テントから六、七メートル離れたところにヒグマがいるのを太田が発見した。坂口の報告によると、クマは全長二メートルほどで、黄金色や白色が目立つ茶色の毛並みだった。のそっとした顔立ちで、周囲をのそのそと歩きながらテントのほうをうかがっていたという。

最初のうちは、テントの下を開けながら、五人とも興味本位でクマを観察していた。恐怖を感じた者はなく、平野はクマをカメラに収めながら「自慢話ができる」

と言っているぐらいだった。

クマはいったんテントから二五メートルほどまで遠ざかったようだが、再びだんだん近づいてきて、テントの外に置いていたキスリングを漁《あさ》り出した。

〈キスを破って、食料を少し、くわえて、雪渓に隠れて、時々顔を出す。近づいた時など、鼻息のグゥー、グゥーと言うのが聞える〉（坂口の報告より）

食料に手を出されて、五人はさすがに危機感を覚えたようだ。クマの隙を見てキスリングをすべてテントの中に入れ、火を起こし、ラジオの音量を上げて食器を打ち鳴らした。

クマは三十分ほどして姿を消したが、午後九時ごろになって再び現われた。テントの外からクマの鼻息が聞こえてきて爪がテントに触れ、拳《こぶし》大の穴が空いたのである。接近はこの一回だけだったようだが、万一に備えてこの夜はふたりずつで見張りをし、二時間交代で寝るようにした。

二十六日はいつものように午前三時に起床し、出発準備を整えた。パッキングも終わりに近づいた四時半ごろ、テントの幕営地の上のほうに再びクマが姿を現わした。五人は十五分ほど外に出てクマを睨みつけていたが、前日同様、徐々に近づい

事故報告書からでは、幕営地点の特定ができないものがある

てきた。

そこでテントの中に入って様子をうかがっていると、クマはすぐそばまで近寄ってきて、テントの入口を引っ掻きはじめた。五人はテントが倒されないようにポールをしっかり握ってテントの幕をつかみ、五分ほどクマと幕を引っ張り合っていた。しかし、とうとうテントが破られてしまったので、太田が入口の反対側の幕を上げていっせいに外に飛び出した。四五〜五〇メートルほど離れた場所まで逃げて振り返ってみると、クマはテントを倒して悠然とその場に居座り、キスリングの中の食料を漁っていた。

この時点で太田は自分たちの手には負いかねると判断し、辻と杉村に「九ノ沢を下り、札内ヒュッテか営林署に連絡を入れ、詳細を話してハンターを要請してくれ」と命じた。これを受け、ふたりは五時に現地を出発して九ノ沢を下りていった。

現場に残った三人は、距離をおいてクマの監視を続けた。前夜はほとんど寝られなかったので、ふたりが見張りにつき、ひとりが尾根上の縦走路で睡眠をとった。クマは倒れたテントの周辺をうろうろしながらひとつずつキスリングを咥《くわ》え、近くの低木帯や藪のなかに運び込んだ。ときどき茂みのなかに隠れてはまた現われることを繰り返していたが、六時過ぎ、テントのそばまで来たときに突然ラジオが鳴り出すと、驚いて走って遠ざかり、林のなかに姿を消した。

三人は沢が見渡せる尾根上に上がってクマがどこにいるのか確認しようとしたが、姿が見えなかったため、坂口が見張りのためその場に残り、太田と平野がキスリングを三つ回収してきた。その後、しばらく仮眠をとってから三人で残りのキスリングをピックアップし、水を汲み上げた。

一方、伝令のため九ノ沢を下っていった辻と杉村は、午前七時十五分、八ノ沢出合まで来たところで十八人ほどの北海道学園大学の北海岳友会パーティと行き合った。辻がこれまでの経緯を説明すると、彼らもまたクマに襲われたため、ザックを放棄するなどして命からがら下山してきたとのことだった。

北海岳友会のメンバーのひとりは、『北の山脈』創刊号にこのときの模様を次のように記している。

〈朝食を済まして下山の準備をした。午前七時「オーイ、オーイ」われわれは全員、荷物をほうり投げ、声の方へ走った。沢の中から二人、登山靴をびしゃびしゃにしながら、助けを求めにきたのであった。

私は、クマにやられたなと思った。案の定そうであった。彼らは、福岡大学ワンダーフォーゲル部員であった。まだ上に三人がいるとのことである。危ない、三人が危ない！　どうやらわれわれを襲ったクマと同じクマのようだ。現場、時間などから判断して……〉

辻と杉村は大学名とメンバーの名前および年齢を紙に書いて渡し、併せてハンターの要請をお願いした。彼らはこれを了解し、二日分の食料と地図、コンロ、ガソリンなども提供してくれた。このためふたりはそれ以上は下らずに、時間の短縮と安全性を考えて八ノ沢を登っていって仲間と再び合流することにした。

午後十二時半、ふたりはカムイエクウチカウシ山近くの稜線に達し、その三十分後には稜線上にいた仲間三人と無事合流した（十二時過ぎにふたりを心配した太田が迎えに出発しているが、どこで合流したのかは不明）。なお、五人がそろう前、鳥取大学と中央鉄道学園のパーティが現場付近を通過しており、その際に太田が「クマが近くをうろついているから危ない」と注意を促している。

執拗に付け狙われて

五人は改めて回収した装備をパッキングし直したが、坂口のキスリングはクマに食料を漁られたときにリングが取れ、担げなくなっていた。パッキング終了後、午後二時ごろから一時間ほど稜線を歩き、この日は「カムイエク1900M峰との中間ピーク（注・場所不明）」で幕営することにした。太田と辻がテントの修繕を行なっている間、ほかの三人は夕食をつくり、午後四時半ごろ夕食をすませてテントを設営した。そこへ再びクマがテントの入口の反対側に姿を現わした。五時十分ごろのことである。

〈坂口が『熊』とさけんだので、辻と太田が入口の方へ行き、後を確認し、一斉に逃げろと太田さんがさけんだ〉（辻の報告より）

なにしろとっさのことだったので、キャラバンシューズを履いて飛び出したのは坂口のみ。杉村は素足にサンダル、辻と平野は靴下だけ、太田はなにも履かない素足の状態だった。

五人はカムイエクウチカウシ山方面への縦走路を五〇メートルほど下ったところまで逃げ、そこからしばらくクマの行動を監視した。その間に二回、太田がテントのそばまで近寄ってクマの様子をうかがった。二回目に様子を見にいく前、平野と杉村に「鳥取大のテントに行って、今晩泊まらせてくれるようにお願いしてきてくれ」と言ってふたりを送り出した。鳥取大学のパーティが八ノ沢カールに幕営していることは、この日稜線上で行き合ったときに話をして把握していたようである。

そして二回目の様子見から帰ってきた太田は、辻と坂口に「まだクマが居座っているのでテントには泊まれない。鳥取大のテントに行こう」と言って、三人で稜線をたどりはじめた。その途中、もどってきた平野と杉村が合流、「鳥取大のテントは確認した」とのことだったので、五人揃って八ノ沢カールへと向かった。

その場所から八ノ沢カールへ行くには、通常だとカムイエクウチカウシ山のピークを越えてから稜線の東側へ斜面を下っていくことになる。しかし、五人はピークの手前から稜線を離れ、斜面を南東方向へ向かって鳥取大学パーティの幕営地に向かおうとした。

〈時間がないし、全員疲れているので太田君は頂上手前の稜線からカールに下ると決定、僕も了解した。そこはハイマツも少なく、草が生えており、危険な所ではなかった〉（辻の記録より）

五人は歩きながら、「明日は青函連絡船に乗って帰れるなあ」「下山したらなにを食べようか」「博多に帰ったら真っ先に長崎ちゃんぽんを食べにいこう」といったような話をしたという。

だが、稜線から六〇〜七〇メートルほど下ったとき、坂口が五人のあとを追って稜線から下りてくるクマを発見し、「クマだ！」と叫んだ。クマはすでに最後尾を歩いていた辻の後方一〇メートルほどのところまで迫っていた。

五人は一斉にカールのほうへ向かって駆け出した。そんななかで辻はちょっと下ってから横に逸れて、ハイマツ帯のなかに身を隠した。そのすぐ横をクマが通り過ぎていったのち、二五メートルほど下のハイマツのなかから「ギャー」という叫び声が上がった。そして三十秒間ほどハイマツのなかでガサガサと格闘しているような気配があったかと思うと、「チクショウ」と叫びながら杉村が飛び出してきた。その直後にクマも姿を現わし、カールのほうへ逃げる杉村を追いかけていった。

間もなくして太田が辻を探しあてて合流し、全員集合するようにコールをかけた。それを聞いた坂口がふたりのもとにやってきた。平野からは二〇〜三〇メートル下方と思われる方向から返答があったものの、その場にはやってこなかった。

この時点で、クマは逃げる杉村の二～三メートルうしろを追っていたという。太田も、足を引きずりながら鳥取大学パーティのテントに向かおうとしている杉村を目撃している。三人はその場所から、鳥取大学のテントに向かって大声を上げた。

「人がクマに襲われている」

「杉村を助けてやってくれー」

その三人の声は鳥取大学パーティに届いたようだ。動物研究家で日本哺乳動物学会会員の遠藤公男は、のちに生存者をはじめとする多くの関係者から聞き取り調査を行ない、「恐るべきヒグマ――カムイエクウチカウシ山の遭難から」と題したレポートを『山と溪谷』一九七一年六月号と七月号に執筆している。以下はそこからの抜粋である。

〈八ノ沢カールにテントを張っていた中央鉄道学園生二名と、鳥取大学ワンゲル部七名は、切れ切れにエコーする悲鳴を聞いて騒ぎ始める。岩場で誰かがヒグマに襲われたらしい。ときに午後六時三〇分、夕闇はせまっていたが、二、三〇〇㍍上の岩場にへばりつくようにしている三人の学生がはっきりと見えた。そこは、そそり立つカールバンドのはずれであった。

『北海道日高山脈夏季合宿遭難報告書』より作成（一部修正）

「クマに襲われた～～～助けてくれ～～～」

　上からの声はまさしく絶叫であった。福岡大ワンゲルのリーダー、太田君の声であることはすぐに知れた。

「怪我をしているか――」

「一人死にかけている～～～火を焚いてくれ～～～薬も頼む～～～」

　鳥取大ワンゲルのリーダー、松浦君は、不安におびえる隊員に、

「非常食とライトをサブザックにつめろ」

と手短に命じた。彼は危険を感じて、果断にも撤退を決意したのであった。

　つづいて彼らは、二カ所にガソリンをまき、火をつけた。一斉に笛を吹き、声を上げた。ヒグマを追おうとしたのである。中央鉄道学園生斎藤辰夫君は、鳥取大生二人と共に、救急医薬品を持って現場へ向かう。ガレ場は三〇度近い斜面であった。

「クマはどこにいる～～～」

「君等の前だ～～～」

　福大生三人は岩場に固まっていた。斎藤君らとの間は一五〇㍍ぐらい。その中間に、黒色の獣が一頭、全身をハイマツから現わしていた。ヒグマだ！　ヒグマは登

ってきた三人に気づくと、まっすぐ下り始めた。斎藤君らは直ちに引き返す〉

その後、二パーティの九人は、「とても自分たちの手には負えない」と判断し、テントや荷物を幕営地に残したまま、暗闇の迫るなか、サブザックだけを背負って下山を開始した。しかし、沢を下っていく途中で滝が現われた。暗闇のなかでロープを操作して滝を下るのは危険すぎるため、リーダー役の斎藤はその場でビバークを決断。九人は寒さに震え、クマの恐怖と闘いながら一夜を明かしたのであった。

一方、鳥取大学らのパーティと合流できなかった太田ら三人は、午後八時ごろ、安全そうな岩場に登って身を隠し、そこで朝を待つことにした。

今後のことについて、リーダーの太田は「明日の八時まで行動はしない」と言った。これに対して辻は「(北海岳友会の連絡を受ければ救援隊が駆けつけてくるので)十二時まで待とう」と主張したが、結論は出なかったようだ。

〈その晩は、どうする事も出来ずに、その場に恐怖に、おびえながら、一睡も出来なかった〉(坂口の報告より)

太田ら三人が合流したころ、平野は逃げ込んでいた崖の中間地点のあたりで息を潜めていた。そのときに太田が大声で叫んでいるのが聞こえてきたが、なにを言っているのかまったく聞き取れなかった。しばらくすると、鳥取大学の幕営地の焚き火が見えたので、そこでかくまってもらおうとして、崖を下りはじめた。ところが、五分ほど下ったときに、二〇メートルほど下のほうにクマがいるのが見えた。

クマは平野に気がつくと駆け上がってきたので、一目散に逃げ出して崖の上に登った。それでもまだ追いかけてきたため、三〇センチほどの大きさの石を投げつけたが当たらなかった。続いて、這い上がってくるクマの鼻先を狙って一五センチほどの石を投げると、今度は命中した。クマは一〇メートルほど後ずさりをしたのち、その場に腰を下ろして平野を睨みつけた。

〈オレはもう食われてしまうと思って、右手の草地の尾根をつたって下まで、一目散に、逃げることを決め逃げる。前、後へと、横へところび、それでも、ふりかえらず、前のテントめがけて、やっとのことでテント（たぶん6テン　注・鳥取大のテントと思われる）の中にかけこむ。しかし、誰もいなかった。しまった、と思ったが、もう手遅れである。中にシュラフが、あったのですぐひとつを取り出し、中に入りこみ、大きな息を調整する。

もうこのころは、あたりは、暗くなっていた。しばらくすると、なぜか、シュラ

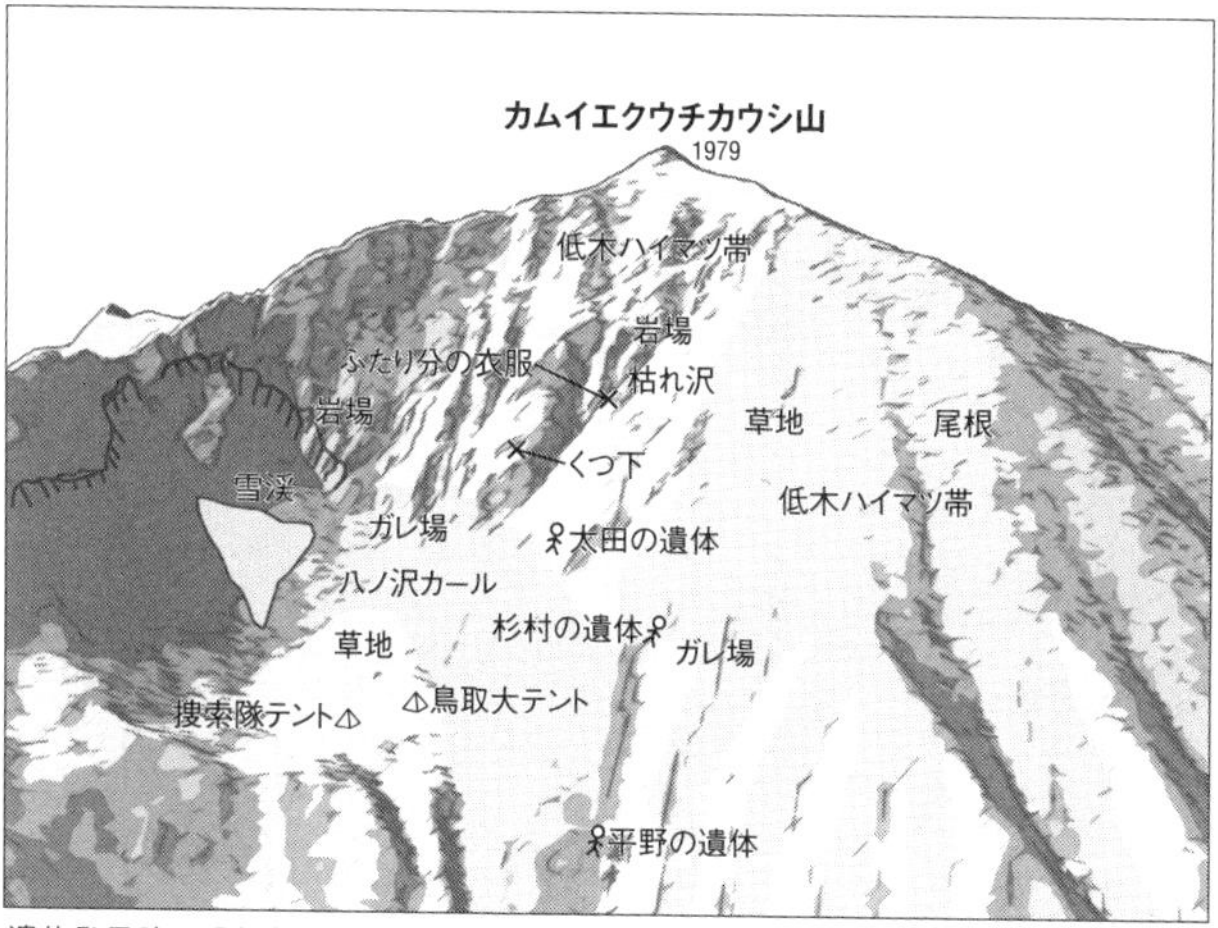

遺体発見時の現場状況
(『北海道日高山脈夏季合宿遭難報告書』の図をもとに作成)

フに入っていると、安心感が出てきて落着いた。

それからみんなのことを考えたが、こうなったからには仕方がない。昨夜も寝ていなかったから、このまま寝ることにするが、風の音や、草の音が、いやに気になって眠れない。明日、ここを出て沢を下るか、このまま救助を待つか、考える。しかし、どっちをとっていいか、わからないので、鳥取大WVが無事報告して、救助隊がくることを、祈って寝る〉（平野のメモより）

ガスのなかの恐怖

二十七日の朝はガスが濃く、視界は五メートルほどしかなかった。岩場に避難していた三人は、杉村の安否が気遣われることから、結局、八時から行動を開始することにした。

午前八時、太田を先頭に、辻、坂口の順でガスのなかを注意しながら下りはじめた。そして十五分ほど下ったときだった。二〜三メートル先に突如クマが現われた。しかし、次の瞬間、辻が「死んだ真似をしろ」と叫んで三人とも地面に身を伏せた。

三十秒ほど経過してクマが「ガウァ」と唸り声を発すると同時に太田が立ち上がり、

クマを押しのけるようにしてカールのほうへ向かって駆け下っていった。クマはすぐにそのあとを追いはじめたが、濃いガスのために太田とクマの姿はたちまち見えなくなった。

残った辻と坂口にできることは、とにかく一刻も早く下山して急を知らせることだった。ふたりはカールを右手に見ながら山の斜面をトラバースし、八ノ沢に出て沢を下っていった。午後一時に五ノ沢にある砂防ダムの工事現場に到着したのち、車で中札内派出所に向かった。その途中で、先に下山していた鳥取大学パーティのふたりに会ったので話を聞くと、警察にはすでに連絡が行っており、捜索・救助のためヘリコプターが出動しているとのことであった。

福岡大学のパーティがクマに襲われていることを最初に警察に連絡したのが北海岳友会パーティだったのか鳥取大学パーティだったのか、それがいつだったのかは不明だが、この日の午前九時過ぎには大学の学生課が第一報を受信している。同日午後三時半にはヘリコプターが出動して捜索・救助を行なおうとしたが、乱気流のため現場を確認できないまま引き返した。また、中札内からの地上部隊（山岳関係者六人とハンター四人）の出動も、「クマは手負いであるらしく極めて危険である」と見られたことから中止となった。

翌二十八日は天候と気流の状態が悪く、現場の八ノ沢付近にはガスもかかっていたので、ヘリは出動できなかった。午後二時、山岳関係者十六、七人とハンター七人が入山し、五ノ沢の札内ヒュッテ（注・報告書の記載による）近くにBCを設置した。その後、三十日にかけて帯広警察署の警察官や地元のハンター、福岡大学の関係者らから成る捜索隊が続々とBCに入り、捜索・救助体制の強化が図られた。

事故現場となった八ノ沢カールにおいての本格的な捜索・救助活動は、二十九日から開始された。この日の午後一時十五分、八ノ沢カールに到着した捜索隊の一行は、鳥取大学パーティの幕営地のそばにテントを張って捜索を開始した。そして午後二時五十分、枯れ沢の大きな岩の下でひとりの遺体を発見した。のちに太田と判明したその遺体は、衣服をまったく身につけておらず、頭を下に向け、うつ伏せの状態で足を広げ、両手を強く握りしめていた。顔面の右半分は損傷し、頸動脈は切られ、大量の出血のため体は白くなっていた。胸部、背中、腹部には無数のクマの爪痕があった。

続けて、その遺体の一〇〇メートル右下のガレ場で、もうひとりの遺体が見つかった。こちらはのちに杉村と判明したが、やはり衣服はまったく身につけておらず、頭を北側に向けてうつ伏せの状態で倒れていた。太田よりも顔面の損傷は激しく、顔の判別は不可能であった。全身に無数のクマの爪痕があり、腹部はえぐられて内臓が露出し、頸動脈も切られていた。

捜索隊はまず杉村の遺体を収容し、捜索隊のテントの横に安置した。それからしばらくして、カールの下方からクマが姿を現わした。

〈午後五時三十分ごろ（注・福岡大学ワンダーフォーゲル同好会の事故報告書では午後四時半となっている）、現場近くにかけられたパイナップル、蜂蜜の寄せ餌のそばへ、一頭のヒグマが出た。五人の射手の気配があったのに全く恐れない。四〇メートルで立ち上がった。ライフルが一斉に火を吹く。ヒグマはどっと倒れた。当った！　しかし、再び立ち上がった。何という生命力だろうか。ヒグマは五丁の銃の乱射を浴びながらハイマツの中へ姿を消したのである。だが被弾二十数発、さしものヒグマも二〇分後にとどめをさされてしまった〉（「恐るべきヒグマ――カムイエクウチカウシ山の遭難から」より）

遠藤は『山と溪谷』のほかに『哺乳動物学雑誌』Vol. 5に「ヒグマが人間を襲った例」と題するレポートを寄稿しているが、それによると、クマは四歳の雌と推定され、体重は約一三〇キロだった。当初は手負いグマだとされていたが古傷はなく、胃の中にはビニールの小袋とジャガイモの皮、溶けかかった白いものが二〜三リットル残っていた。このクマが学生たちを襲ったことを証明するものは確認できなかったが、射殺地点から一〇メートル離れたところで遺体が発見されていたこと、人を恐れなかったことから、該当のクマである可能性が高いと報告している。

五時、太田の遺体を収容し終えた捜索隊のメンバーは、ローソクと煙草と飯を盛り、ふたりの冥福を祈った。その晩はクマの襲来に備え、二時間交代で遺体を見守った。

残るひとり、平野の遺体が発見されたのは翌三十日の午後一時二十八分のことであった。場所は鳥取大学パーティの幕営地の約一〇〇メートル右下の沢のなかで、やはり衣服はまったく身につけていなかった。全身には無数の傷跡があり、顔面左半分が陥没、腹部はえぐられ、内臓が露出していた。致命傷は頸椎の骨折であった。

現場の状況から、クマは平野が潜んでいたテントの中に侵入して襲撃したものと思われた。

〈ヒグマはシュラーフに入ったままの同君を、五〇㍍も引いて、シュラーフの上から散々に噛み、入口から爪を入れて頭部に深い裂傷を与えている。そして、たまりかねて飛び出した同君を倒し、顔面、頸部に致命傷を与え、さらに、七〇メートルも引きずって沢のくぼみに放置していた〉（「恐るべきヒグマ――カムイエクウチカウシ山の遭難から」より）

三人の遺体は、翌三十一日の夕方、関係者らに見守られながら現地で荼毘《だび》に付された。

なお、平野の遺体のそばで、前出のメモがしたためられていた彼の手帳が見つかった。その最後には、七月二十七日付けで以下の文章が記されていた。

〈4：00頃目がさめる。外のことが、気になるが、恐ろしいので、8時まで、テントの中にいることにする。テントの中を見まわすと、キャンパンが、あったので中を見ると、御飯があった。これで少しホッとする。上の方は、ガスがかかっているので、少し気持悪い。もう5：20である。またクマが出そうな予感がするのでまた、シュラフにもぐり込む。

ああ、早く博多に帰りたい。

7：00　沢を下ることにする。にぎりめしをつくって、テントの中にあった、シャツやクツ下をかりる。テントを出て見ると、5m上に、やはりクマがいた。とても出られないので、このままテントの中にいる。
3：00頃まで………（判読不能）
しかし、………（判読不能）………を、通らない。他のメンバーは、もう下山したのか。鳥取大WVは連絡してくれたのか。いつ助けに来るのか。すべて、不安で恐ろしい。
またガスが濃くなって………（判読不能）〉
平野が感じていた恐怖がいかほどのものであったか。それを私たちは推し量るべくもない。

なぜ下山しなかったのか

福岡大学ワンダーフォーゲル同好会は、事故発生の約一ヶ月後に早くも事故報告書をまとめている。本稿も主に当報告書をもとに執筆していることをお断りしておく。

事故に遭遇した五人は、この夏季合宿の計画を練るにあたり、ガイドブックや山岳雑誌の連載記事、他大学パーティの記録などを参考にし、疑問点などについては北海道大学の山岳部やワンダーフォーゲル部にも問い合わせをしている。その結果、行動日数を十三日、予備日を五日とし、万一に備えて五本のエスケープルートも設定した。

装備は通常の夏山装備に加え、ロープや沢登りの装備を携行し、食料も予備日を含めた十八日分を用意。さらに太田と杉村は九州学生WV連盟福岡地区の医療講習会に参加し、ファーストエイドの医薬品も携行していた。そして行動中は毎日午後四時に放送されるNHKラジオの気象通報を聞いて天気図を作成し、それをもとに予想した天候もほぼ的中していた。

こうしたことから、同報告書では〈熊の件を除けば、今回の日高縦走の計画や装備・食料・治療・気象その他の準備については、専門家の判断でも特に問題はなかった〉と結論づけている。また、リーダーとサブリーダーの力量については、「この計画を成し得るだけの体力と経験は有していたと思われる」とし、「一年生部員にとっては少々レベルが高かったが、上級生三人の経験でそれをカバーできると判断した」ことから、メンバー構成の面でもとくに問題はなかったとしている。

〈今回の遭難は、誠に不幸な出来事であった。当時日高山系に入山していた約三十パーティーの中で、今回のような悲劇にみまわれたのが、たまたま我クラブのパーティーであったということは、不運という外はない。途中熊に出会いさえしなければ、そしてその熊が今までの常識では考えられない執拗に人を追い人を襲うといった熊でなかったら、全員無事に予定コースを終えて下山していたであろうことは間違いない〉（同報告書より。以下、出典を記していない引用部はすべて同報告書による）

だが、クマとファーストコンタクトしたのちの判断と行動が適切だったかについては、疑問が残るところだ。七月二十五日の夕方、初めてクマが現われて食料を漁られたときに、なぜすぐに下山しなかったのかという問いに対し、サブリーダーの辻はその理由として次の四つを挙げている。

①下山するには時間的にあまりにも遅く、暗いので危険だった。

②暗くてクマの行動がつかみにくかった。

③過去、日高においてクマが人に危害を加えた記録がなく、ラジオや食器を鳴らし、火を焚いたら姿を消した。

④翌日、カムイエクウチカウシ山をピストンして下山する予定だった。

夜間に未知の沢を下る危険性を考えれば、この判断は妥当だったと思われる。では、翌朝再びクマの襲撃を受けたときに、なぜ全員でただちに下山せず、ふたりだけを伝令に出したのか。この点については次のとおり報告されている。

〈熊が一日中、テントに居すわるか、又、テントの回りをうろつくと思った、それに、下山するならば、全員、金銭、貴重品はキスリングの中にあったしキスリング・テントを、持ちかえろうとしたからであった〉

だとしたら、現場に残った三人がキスリングを回収し、伝令に出たふたりと合流した時点で、即座に下山にとりかかるべきだった。しかし、五人は午後二時から一時間ほど歩いた稜線上にテントを張り、もう一晩を山中で過ごそうとしてしまう。

〈翌日カムイエクウチカウシ山をピストンし、八ノ沢へ下るルートがサイト地のすぐ近くにあったからであり、二十六日カムイエクウチカウシ山を越えて八ノ沢カールに行くには、全員の体力的、精神的に無理があったからであった、又、日高へ行く前に得た熊の習性からして、カールボーデンや沢の近くより、稜線上の方が安全度が高いと思ったからであり、熊の行動が低い所より高い所の方がとらえやすかったからであった〉

カムイエクウチカウシ山に登ることにこだわった故の判断だったのかどうかはわからない。が、二十六日に無理してでも下山しなかったことが、結果的に不幸な事態を招くことになってしまった。この点がつくづく悔やまれてならない。〈結果的にいえば確かに最初の襲撃（一回目および二回目）を受けた時点で下山しておれば、今回の悲劇は防げたであろう。その時なぜ下山しなかったのか、この時のパーティーの判断については別項で述べられた通りである。これを見ると、この段階でも、今回の悲劇が起ころうとは予測してなかったことが分る。生存者の証言によっても、誰も下山しようとは考えなかったという。結果的には確かに熊に対する判断が甘かったといえるし、また万全を期するという立場からすれば、この時点で下山することは可能であったし結果的にはその方が良かった。

しかし一回目及び二回目の襲撃では、人を襲うことはなく熊の行動がいわば従来の常識の枠内であった（一回目には音を立て、火を焚いて、間もなく姿を消した。）という点、および事前調査によって得られた知識からは、熊が人を襲って殺すという様なことが起る可能性については、何等知らされていなかったという点からすれば、そのような事が起ると予測しなかったとしてもそこに無理があったとはあながちいい難い。

今回の事件はそのような意味でも、こういう悲劇が起ることが事前に知らされ、予測されておりさえすれば、防げたであろうが、それを知らされていなかったし、予測されていなかった。そして事実上、事前にそれを知り、予測することが出来なかったが故に発生した遭難であって、その様な意味で不可抗力的であったといわざるを得ないのである。そして、今回の三君の尊い犠牲を通じて得られたひとつの教訓は、常に不測の事態に備えて万全の対策をとるということであろう〉

今に伝わる事故の教訓

この事故は、「クマが執拗に人間を付け狙って三人の命を奪った」というセンセーショナルさから、テレビや新聞などのマスコミに大きく取り上げられた。そのうちの一部新聞報道のなかに、「日高山系におけるヒグマに関しての事前調査が甘い」「北海道の山を知らない」と、被害に遭ったパーティを非難するものがあったという。

これに対し、同報告書では「事前調査においては今回のクマのような、今までの常識では考えられない凶暴なクマについては知ることができなかった」「地元でも初めての事件であり先例はなかった」「営林署に入山届を出したときも、クマについての警告は与えられなかった」と反論する。

〈今回の熊が、従来の熊についての常識から離れた特別の熊であったという点も重要であろう。普通、熊は特別のことがない限り熊の方から人を襲うことはなく、大きな音をたて、火を焚けば逃げるとされている。しかし、今回の熊は、火を見ても、音を聞いても恐れず、積極的に人間に近づき、執拗に人間を追って、遂にこれを襲って殺した。しかも、夏熊はやせているという常識に反して、冬熊のように肥えていたという。恐らく近年、登山者の増大に伴う人間との接触によって熊の習性が変って、この様な熊が出て来たのであろう。そして、その様な熊がいるということが、今回の遭難を通じて初めてはっきりと知らされたと言っていいであろう〉

同報告書は、「地元の人を含めて一般に今回の悲劇は予測されていなかった」と強調する。だからこそ、この事故を新聞も連日のように大きく取り扱ったのだろう、と。

しかし、同様の北海道におけるヒグマによる獣害事件はこれが初めてではない。よく知られたところでは、一九一五（大正四）年十二月、苫前《とままえ》郡苫前村三毛別《さんけべつ》（現在の苫前町三渓）でヒグマが再三にわたって開拓民の集落を襲い、八人が死亡し、ふたりが重傷を負った通称「三毛別ヒグマ事件」がある。また、一九二三（大正十二）年八月には雨竜郡沼田町幌新地区でもヒグマが祭帰りの開拓民の集団や人家、駆除隊の一行を襲撃し、五人が命を落とし、三人が重傷を負っている。

三毛別ヒグマ事件については、野生動物研究家の木村盛武が事故後四十六年を経て丹念な取材を行ない、「獣害史最大の惨劇苫前羆事件」という報告書をまとめ、これをベースにした『慟哭の谷　戦慄のドキュメント　苫前三毛別の人食い羆』が一九九四（平成六）年に刊行されている。小説家の吉村昭も、この事故をモデルにした小説『羆嵐』を一九七七（昭和五十二）年に刊行。これはのちにテレビやラジオでドラマ化もされた。

ちなみに木村盛武は、二〇一五（平成二十七）年に刊行された前著の特別編集文庫版『慟哭の谷　北海道三毛別・史上最悪のヒグマ襲撃事件』のなかで、ヒグマの習性や行動パターンについて詳しく解説しているが、そのうち以下に挙げるものは、福岡大学ワンダーフォーゲル同好会パーティを襲ったヒグマにも当てはまっている。

①行動の時間帯に一定の法則性がない。
②火煙や灯火に拒否反応を示さない。
③攻撃が人数の多少に左右されない。
④逃げるものを追いかける。加害中であっても逃げるものに矛先を転ずる。
⑤至近で大声を出し人間がいることを知らせても、逃げない場合がある。

⑥食い残し（遺留品）があるうちは、そこから遠ざからず何度でもそこに現れる。
⑦食い残しを隠蔽する。
⑧人を加害する場合、衣類と体毛を剝ぎ取る。
⑨食害が最もひどいのは、顔面、下腹部、肛門周囲などである。
また、同書では福岡大の事故にも触れ、以下のように述べている。
〈福岡大のパーティーが設営した一帯は、展望が良く、縦走者にとって格好の場所ですが、ヒグマにとっても行動圏であり、憩いの場所なのです。
最初にキスリングが奪われた時点で、縦走をあきらめ、下山する英断があればと、残念でなりません。ヒグマはとても執着心が強く、このようにひとたび取得した物は、問答無用でヒグマの所有物であり、これを奪い返す行為は、危険極まりない無謀な挑戦です〉
〈学生たちは体力も根性もすぐれ、ひとりは俊足であったと、学友がワンゲル部機関誌追悼号に寄せています。しかし、ヒグマにとって山林は箱庭、俊足のシカでさえよく襲われます。人間ではとても太刀打ちできないことを事件は教えています。ことに背を向けることは、人間の降伏を意味するばかりか、背中には目がないので睨まれることもなく、ヒグマにとっては好都合なのです。更に、ヒグマは満腹になっても消化が早く、生理的にも、私欲的にも餓鬼さながらにむさぼり食う習性があります。この点、満腹したライオンなどが必要以上に殺戮をしないのとは天地の差があります〉

同パーティのメンバーが、過去に起きたヒグマによる獣害事件を把握していたかどうかはわからない。しかし、当時は今日のようにインターネットが発達している時代ではなかったし、獣害事件の記録の多くは同パーティの事故後に刊行されたものである。また、今でこそクマについての調査や研究が進み、その習性や遭遇時の対処法について書物やネットなどで容易に調べることができるが、そうした知識が当時は今ほど普及していなかったと思われる。彼らが獣害事件の前例やヒグマの習性などについて知らなかったとしても、それは無理もないことであろう。

事故があった一九七〇年、福岡大学ワンダーフォーゲル同好会は発足して八年目を迎えており、同好会から部への昇格を目指して活動内容をより充実させようとしていたという。週に四日は一〇キロのランニングやボッカ訓練を行ない、週末は近郊の山に登り、春夏の合宿は入山者の少ない条件の厳しい山で十五～二十日間の長期にわたって行なったそうだ。

〈しかしながらこのようにして心、技、体の養成をはかってきたものの自己の体力を過信するあまり、また根性を強調するあまり、強気の方向へ走ってきたことも事実である。特にクラブの風潮としてある程度の困難を乗り切ってでも計画、目的を完遂しようとする反面、困難に直面したときに途中で断念するような謙虚さを欠いていた。我クラブがスポーツワンデルングを骨子にしており行動中心及び技術中心であった為、体力面にたよりすぎたきらいもないでもない。体力中心になるあまりそれに付随する精神面の欠如又ミーティングの欠如があった。尚ミーティングにおいては過去のあやうい状況におかれた時、これに対処する方法とか、小さな事件があった場合の反省ない探求が浅く、軽く見過ごしてしまったように思われる。このようにミーティングを重視しない風潮があった点は反省しなければならずミーティングの内容充実に力を入れるべきであった〉

事故から得られたこれら教訓を、私たちは風化させてはならない。それが五十年近い昔に得たものであったとしても。

◉第二章

インタビュー

地元猟師が語る、秩父のクマの今

増えたクマによる襲撃事故

二〇一六（平成二十八）年の秋、埼玉県山岳救助隊の飯田雅彦副隊長（当時）に遭難事情について取材をしたときに、この年の特徴的なこととして挙げられたのが、クマによる襲撃事故だった。それまで埼玉県内では、地元住民や登山者らがクマに襲われるという事故は起きたことがなかったという。しかし、同年五月二十三日、奥秩父の両神山で三十四歳の男性トレイルランナーがクマに襲われて負傷するという事故が起きた。また、秩父の若御子山《わかみこやま》では、八月七日、五十八歳男性が遊歩道脇にあった洞穴をのぞき込んだところ、クマが飛び出してきて襲われ、頭や腕に重傷を負っている。さらに十月七日に発生したのが、後述する奥武蔵・笠山での事例である（一七〇ページ参照）。

「救助隊員を二十年間やってきて起きなかったことが、この年に立て続けに起きました。秩父の山に精通している地元の関係者に話を聞いても、『人がクマに襲われたなんてことは、この三十年来、一度もなかった』と言ってました」

クマによる襲撃事故がなぜ突然起きるようになったのか。その一因が山岳地や里山などの環境の変化にあることは容易に想像がつくが、ではそれがどのように変わってきているのか。秩父の山に詳しい猟師で、山麓の小鹿野町田ノ頭で高橋はくせい専門店を営む高橋章（一九五一年生まれ）に話を聞いた。

山から人里へ。変わるクマのテリトリー

この剥製《はくせい》店は自分で三代目なんだけど、若いころは剥製づくりの仕事に対して強い抵抗を感じてたの。動物の敵だ、ぐらいに思ってたよね。でも、徐々に考えが変わっていきました。この仕事は動物たちが生きた証を残してやれるし、せっかく命をとったものに対しての供養にもなると。獲れたものをムダにしないのがこの仕事。だから動物たちには感謝しています。こんな小さな田舎で、細々とながらも三代にわたって家族が生きてこられたのも、動物たちのおかげですから。

で、クマの話だったよね。埼玉県でクマが生息するのは、主に秩父方面です。あとは正丸峠を越した向こう側、飯能とか小川町、越生《おごせ》町あたり。

クマは自然が豊かなところじゃないと生きていけないわけだけど、環境の変化などに伴って特定のエリアに集中しちゃう。人間だって、田舎の若い人たちは職を求めてどんどん都会に出ていくから、田舎のほうは過疎化になっちゃう。働き口のあ

る場所、お金が稼げるところにみんなが集中する。動物たちも同じなんだよ。

長野に抜ける三国峠に行く途中に、中津川っていう地域があるんだけど、そのへんでは昔、猟期にクマが五、六頭、獲れていた。ところが今は猟期でも獲れねえんだ。なぜかっていうと、山奥で冬眠していたクマが、どんどん里に出てきちゃって、害獣駆除の罠にかかってしまって帰ってこないから。猟期にクマがいないんだから獲れないよね。一方では駆除するほどいて、一方ではまったく獲れない。それだけ差があるんですよ。

かつてはこのへんの山にも、背丈よりも高いクマザサが生い茂っているところがあって、そのなかにクマだけでなくイノシシやシカが棲んでいたんです。冬、雪が降ったときでも、そのなかにいれば、寝っ転がって餌が食える。ところが、そのクマザサの生育地帯が全部枯れちゃった。だから今は山の上のほうにはなにも動物が棲めない。動物が一匹もいない。だって餌もないし、隠れる場所もないんだから。そこにいた動物たちは全部下に行っちゃった。人家の近くの畑があるようなところにみんな集中しちゃう。そうすると人間の目にもつくようになって、増えたようにも見えるわけだ。

だけどやっぱり共存できるものと共存できないものがある。有害鳥獣駆除も仕方のないことなんだけど。来るから獲る。また来るから獲るのいたちごっこです。

クマがあっちで出た、こっちで出たというと、今はマスコミがすぐ報道するから、いかにもクマがそこいらじゅうにいるみたいだけど、「そんなに個体数を増やしているとは言えない」と見る人もいるね。俺もどっちかっていうと、そんなに増えているとは思えない。なんでもそうだけど、限度っていうものがあるんですよ。一定のエリアに生息できるクマの頭数は限られていて、たとえ二、三頭は増えても、そうたくさん増えることはない。

人によっては「クマはえらい増えているよ」って言っているけど、そのデータはほんとうなのかいって思う。昔は、一定の小さなエリア内にいる動物の数を数えて、それをもとに生息数を算出していたから、動物によっては莫大な数が生息していることになっちゃった。そんなんで通っていたんだね。今は、動物を研究している人たちに費用を出して、同じ個体をダブって数えないようにする調査方法になっている。複数のドローンを同時に飛ばして数えるという方法も行なわれているようだし。そうなってきたのはごく最近のこと。これからはもっと精度が上がっていくんじゃない。

ただ、今までこんなところにクマが出たことはなかったのに、今は民家のそばにまで来るようになっているのは事実。テリトリーが人家の近く、人の目につきやすいところになっちゃっている。

今、人家の近くである程度、柿が実ってくると、クマがその近辺にずっといるんですよ、柿を全部食っちゃうまでは。餌があるから来ているんだよね。山ではクマザサ類が枯れて、すごい状況になっちゃっているから。

結局、自然の環境がもうなくなっちゃっているんですよ。こんな秩父の山でもそう。山に植えられている七割はスギでしょ。動物たちが生きるために必要な餌をもたらしてくれる環境――ブナやクヌギ、コナラなどの自然林、落葉広葉樹林――じゃなくなっちゃっている。

テリトリーを山から人里のほうに移そうとしているクマは、それまでの自分のテリトリーから出てきたわけだから、興奮していて落ち着かない。だから遭遇した人間がやられる可能性も高い。逆に、人里をテリトリーにしつつあるクマも、侵入者に対して「なんだ、お前は」ということになるからおっかない。タカとカラスだって同じでしょ。タカがカラスのテリトリー内に入れば、カラスに追われるんですよ。でも、人間はそうじゃないんだな。あっちにいようがこっちにいようがおかまいなく、顔を立てるべきものを立てない。だから野生動物との間でいさかいが起こる。

人間の生活が動物の環境を変えた

埼玉県内にはいくつかの猟友会があって、このへんのは西秩父猟友会っていうんです。そのなかにまた小鹿野、三田川、長若、両神などの小ちゃな支部がある。

猟期は十一月十五日から二月十五日までの三ヶ月間だけど、獲ってはいけない動物（保護獣）と場所（鳥獣保護区や休猟区）が決まっていて、指定されている狩猟鳥獣を獲るわけだ。また、猟をするにも、猟銃で撃ったり罠をかけたりと、いろいろ猟具があって、免許が全部違います。日本の銃刀法は世界でもいちばん厳しいらしいね。狩猟免許は「網」「わな猟免許」「第一種銃猟免許」「第二種銃猟免許」に分かれていて、網とわな猟免許が罠、第一種銃猟免許が散弾銃とライフル、第二種銃猟免許が空気銃と決められている。そういう免許を取って、監察狩猟税を払って猟期に猟をするわけなんだよね。

ただ、免許を持っていても、ツキノワグマは希少動物ということで、「法的規制はないけど、なるべくだったら獲らないでください」ということになっているんですよ。でも、有害鳥獣駆除というのがあるわけです。

害獣駆除は、畑を荒らされるなどの被害が出たときに行なわれるもので、保護区も休猟区も関係なく、狩猟期間じゃなくても行なっている。駆除の許可は各市町村長が出せるようになっていて、このへんだとだいたい三ヶ月に一回ぐらいかな。やたらと獲るわけじゃないけど、動物にしてみれば、ほっとできる時期も場所もないようなもんだよね。

ツキノワグマの場合、冬眠明けのころ、雌が子どもを連れて出てきて、民家の近くをうろうろ歩くんだよね。あと、秋とかは、寒くなる冬に備えて体力をつけたいわけですよ。だけど今は山に木の実がなくなっちゃっているから。民家のそばにしか餌がない状況でしょ。民家の隣に柿の木があって鈴なりに柿がなっていれば、クマはそれを食いにくるからね。民家近くに引き寄せられるのは当然だよね。冬を越すために、クマもおっかないのを承知で民家のそばに出ていかざるをえない。

それからこのへんにも養蜂家がいるんだけど、その人たちがクマの被害に遭って

人間の生活が動物の環境を変えた。里に降りるクマも多い

いる。蜜を舐めたくて、巣箱をみんなぶっ壊しちゃう。大損害ですよ。クマにしてみれば、ハチミツは大好物ですから。

クマは、風向きによっては二キロ四方の匂いがわかるんですね。山の上のほうにいても、風が麓のほうから吹いていれば、「あ、ハチミツがある」ってわかっちゃう。檻罠をかけておいても、八〇キロもあるような檻を引っ繰り返して、中に入れたハチミツがこぼれるのを舐めたりするからね。利口ですよ。なかには檻に入っちゃうクマもいるんだけど、下手な鉄筋だったら曲げて出ていっちゃう。考えられない力ですよ。頭が入れば出ていっちゃうんだから。目はさほどよくないっていうけど、耳と鼻はすごく利くよね。

養蜂家は別だけど、クマはサルやイノシシのように農作物を全滅させるようなことはしない。だけど、人に出食わすと下手すりゃ命取りだからね。爪で引っ掻いたり噛みついたりして人間の命を奪う可能性があるということで、すぐに駆除の許可が出るんですよ。

だから人家のそばにクマが出てきたとなると、駆除するために檻罠をかけて生け捕りにする。今みたいにあまり騒がれなかったころは、そうやって生け捕りにしたクマは、タグとかを付けて、ほかの場所へ持っていって放していたんです。昔は大滝の大血川のあたりの演習林の奥に行って、放してくるようなこともあった。ところが、そのクマが三日もしないうちにまた檻罠にかかっちゃう。そういうクマは、自然に返すっていったって、山に餌がなければ餌のある人里に来るから、今は殺処分にしちゃうことが多いね。どこかに持っていくっていったって、ほら、前に騒動があったでしょ。三重県が捕獲したツキノワグマを隣の滋賀県に放しちゃってえらい騒ぎになったことが。

でも、考えてみれば人間だってさ、健康にいいからといって白米に玄米や麦を入れたりするけど、今の子どもは「ゴミが入っている」って言ってつまみ出しちゃうでしょ。白米が常識になると、いくら健康にいいっていったって、なかなか食べない。やっぱり美味しいものを求めちゃう。

動物たちだって、仮に山に餌があったとしてもだよ、美味《うま》いものが手に入れば、そっちのほうに来るようになっちゃうんだよね。一度味を覚えると、枯れた葉っぱを食うよりパンを食ったほうが美味いもん。学習しちゃうんだ、人間のそばにある餌イコール美味しいってことを。だから人里に出てくるようなクマは、処分しなければばまた出てくると。

クマによっては、家の中にあるお茶菓子を食うために、戸をぶっ壊して入ってくることだってあるんだから。家畜の餌を置いてあった物置小屋をぶっ壊して入ってきたとかね。恐ろしいですよ。そういう場合は、やむをえないけど処分するしかないでしょ。そのクマは必ずまた来るから。

話はちょっとクマから逸《そ》れるけど、このへんでも動物避けのため、畑の周りを太陽電池で夜間ピカピカ光らせたり、音が出たりする装置を農家の人が設置するわけ。ひとっきしはいいんですよ。それがしばらくすると、ネオン街じゃないけど、逆に動物たちを引き寄せるような状態になっている。慣れちゃうんだね、これはちっとも危険じゃないと。「車＝餌」になっちゃうんですよ。車が往来する道路も、極端にいえば美味しいものが食える餌場になっちゃっているんだよね。

自動販売機なんていうのもよくないね。あそこの灯りに昆虫類が集まってくる。缶を捨てると、残ったジュースに虫が集まってくる。その虫を狙って、ネズミなどの小動物がやってくる。今度はその小動物を獲るためにほかの動物がくる。

今、フクロウやタカなどの猛禽類も交通事故に遭うんですよ。考えられないでしょ。街灯や自動販売機の灯りに集まってきたネズミを獲ろうとして、ドーンと車にぶつかっちゃう。環境の変化によって、餌場が変わってきちゃっている。人間の生活が、動物の環境も変えてきちゃったんだね。

ほんとは法律で罰せられるからいけないことなんだけど、今いちばん困っているのは、餌を殺虫剤にまぶして蒔いちゃうこと。たとえばハクビシンがトマトを食べちゃってどうしようもないから、ハクビシンを殺すためにトマトに毒を仕込むんだけど、そのトマトを放置しておくとヒヨドリも食べて死んじゃう。死んだ動物をそのままにしておくと、今度はそれを食ったネズミやカラスも死んじゃう。食った動物が連鎖的に死んでいっちゃう。毒殺の場合はそれがおっかない。カラスなんて十羽も十五羽も一列になって死んでいるんだから。「誰かが死んだカラスを並べたんだ」って言うけど、そうじゃない。電線に留まっていたカラスが落ちただけのこと。

クマ猟

猟期でもこのへんでは、肉を食うため、皮を取るためにクマを獲るっていうのはなくなってきたね。犬を連れて、鉄砲を持って山に入ったら、クマがいたから獲ると。最初からクマを狙ってる人は少ないね。

クマやイノシシやシカなどを獲るのは大物猟っていって、七〜十人ぐらいの大人数のグループでやるんですよ。勢子が犬をかけて獲物を追って、待ち構えていたタツが獲物を鉄砲で撃《ぶ》つと。獲物が獲れれば、きれいに解体してみんなで分ける。命を獲るわけだから、粗末なことはしないですよ。食べられるものは食べて、残せるものは残して。このへんでは、そういう大物猟のメンバーの一員て人が多くなったね。全体の七割ぐらいを占めているのかな。

あとは個人でヤマドリ猟をやったり、ウサギ猟をやったり。それから罠猟。昔はトラップっていって、足を挟む罠があったんだけど、今は獲物にケガをさせるということで禁止になって、ワイヤーで絞まる罠を使っている。でも、タヌキなんかの小さな獲物を獲る人はいなくなったね。昔は毛皮がお金になった時代があったんですよ。タヌキを一匹獲ると五〇〇〇円、七〇〇〇円になった。ところが今は毛皮が売れないから。売れないものは獲らないし、業者も扱わなくなっちゃった。

でも、たしかに猟師は高齢化してきているよね。だんだん歳をとって、思うように体も動かなくなってきたからといって、やめていく人も多い。逆に新しい猟師が入ってくるかというと、そんなこともない。銃刀法の免許を取るのもそう簡単ではないし、銃を所持して維持していくのも大変だし。新しい成り手がなかなかいないんだよね。

クマは一発必中で仕留めないと、自分がやられちゃう。必ず急所を撃《ぶ》つ。急所は眉間なんですよ。前頭葉を破壊して脳死状態にさせるんだね。

だから猟師は真剣にやらないと。タツでもそう。るんるん気分でタツを張らないようにって、親方が注意をするんだ。今、みんなGPSを使ってますから。GPSを使うと、クマがどっちへ行くかわかる。「ほら、○○さん、間違いなくそっちへ行くぞ。気をつけろー」なんてね。

冬が終わって春が来ると、木の葉が茂ってくるでしょ。ちらっ、ちらっと獲物が見えて、シカだと思って撃《ぶ》ったら犬だったとか。間違えて人を撃《ぶ》っちゃう事故も猟期に一、二件はある。人を撃《ぶ》っちゃったなんていったら、もうとんでもねえことだから。大物をやる人はね、そんだけは気をつけるようにって。とくに親方連中は八人、十人を動かすわけでしょ。大変ですよ。

自分は今六十五歳だけれど、二十歳から猟を始めているんですよ。免許を持ってやっているのは長いけど、現在は冬場に剥製の仕事が入ってくるから、なかなか鉄砲撃《ぶ》ちもいけなくなっちゃった。以前は、「クマ猟をやるか」ってなると、みんなで集まって山に入ったり、「あの穴にクマが入ってるぞ」というのを聞いて追い出して獲ってみたり、柿の木に登っているやつを撃《ぶ》ったりね。そういう場合は大人数じゃなくても獲れるから、気の合う仲間二、三人とかでね。

でも、クマはなかなか獲れないよ。クマを本気で狙っている人でも、一シーズンにふたつ獲れればいいほうじゃない。そうは獲れない。

このへんではクマが獲れた場合、クマの生態調査の参考にするため、タグ申請っていって、いつどこでどういう状態で獲れたのかを申請するように言われています。強制じゃないんだけどね。駆除で獲ったクマも猟で獲ったクマも出してくださいと。そのタグは耳に付けるんですけど、タグを見るとデータがわかるわけ。ところが全部が全部、タグ申請をやっているわけじゃないから、はっきりした捕獲数はわからないんですよ。

いちばん山も大きくて面積も広い西谷津（西秩父地方）のほうでは、猟期中に六、七頭は獲れているかな。あと、害獣駆除でもそれぐらい獲るのかな。そうすると十数頭ぐらい。自分がはっきり把握しているところでは、害獣駆除と猟期に獲れたものを合わせていちばん多かったのは二十頭。自分が知らないものもあるだろうから、それよりも多かった可能性はあるけどね。だいたいそれぐらいは獲れている。

今は害獣駆除というものが入るから、捕獲数は多くなっている。害獣駆除は、昔はそうは多くなかったんですよ。一、二頭獲れば、もう静かなもんだった。

獲物としてのクマがいちばんいい状態のときは冬なんです。脂も乗っているし、肉も美味しい。胆嚢も、冬眠ができる状態になったときのものがいちばんいいんですよ。胆汁が胆嚢に溜まっているから。食べ物を食べているときは、胆汁が出ちゃっているから。クマの健康状態によっても違うんだけど、やっぱり猟期間中に獲れたもんならいいやな。春から夏にかけては、脂肪がまだついていないし、毛も悪い。だから獲っても利用できない。皮がなめせないし、胆汁の量も少ない。でかい肝だなと思っても、干して乾かすとトタンペラみたいになっちゃう。

だから猟期間外に害獣駆除で獲ったクマは、皮もよくないし肉も美味くないからもったいない。なんにしてもダメなときもあるんですよ。そういうときは、少しでも使えるものを使って、クマの爪のキーホルダーをつくってみたりね。せっかく命を獲ったんだから、ムダのないようにしないと。

昔のマタギの人たちがクマを獲って商売になったのは、皮に商品価値が出るし、脂がやけどの薬になるからね。それに胆嚢と肉。昔から、クマが二頭獲れれば家族を養えるって言われてた。とくに肝は金の相場と同じなんだ。昔、富山の薬売りはクマの胆《い》も持っていて、匁売りをしたんです。今でもいい時期のものは十万以下じゃ買えませんよ。いいもの、悪いものかは、なかなかわからないので、それは信用しかないんだけどね。

今でも秋田、山形、新潟なんかでは、「私が干し上げました」という印までちゃんと付けているからね。こっちで獲れたクマの胆を、向こうで固めて干してもらうんです。こっちじゃもうできないから。一万五〇〇〇円で、固形の胆嚢にして送ってくれる。そうすると、「こんな小ちゃくなかったぞ」なんてこともあったりね。疑えばきりがないんだけど、昔はブタの胆嚢を「クマの胆嚢だ」と言って金儲けしようとするケチな考えの人もいたから。あとは信用しかない。

胆嚢は歯が痛いときにも効くし、膿んだキズに塗れば固まるし。不思議だよ。それにクマの脂はやけどによく効くんだ。塗った途端に痛みが止まるから。うちでは今でもクマの脂だけは必需品なんです。

クマの肉は、そうは獲れないから時価になっちゃう。獲れたときに地元の肉屋さんに持っていく人もいれば、自分たちで処理しちゃう人もいる。

小鹿野町は、猟期や害獣駆除などで大型動物を年間五〇〇～六〇〇頭獲っているんですよ。でも、保健所や放射能の問題があって、獲った肉を誰でも売ることができなくなっちゃった。そこで地元の肉屋さんが、野生動物を解体して肉にして売れる許可を取ったんです。その肉をなんとか有効活用して活性化につなげようということから、商工会が小鹿野町にも協力してもらってプロジェクトを始めて丸三年になった。俺はこういう商売をやっているから、害獣駆除もただ獲ればいいんだっていう考えではなく、そういうふうに利用して少しでも活性化につながればいい供養になるってことで、真っ先に賛同してやっているんだけどね。

で、いちばん最初に行なわれる肉の検査が放射能なんですよ。東日本大震災後、放射能を調べるのに一回三〇〇〇円だ、五〇〇〇円だってお金がかかっていたの。それじゃあやっていけないっていうんで、いただいた助成金のなかから一〇〇万円以上を捻出して、放射能を調べる器械を買ったので、よそに出して調べなくてもよくなった。獲れた肉は必ず器械を通してチェックして、一〇〇デシベル以下なら大丈夫ということで、プロジェクトのほうに回しています。

冬眠できないクマ

クマには最近も何度かこの近くで遭遇しています。二回とも柿を食いにきてました。夜、五メートルぐらいの柿の木に登ってじーっとしている動物がいて、目と目の間が狭く見えたので、「あれ？ ハクビシンでもいるのかな」と思ってよく見たら、「あ、クマだ」と。そうわかった瞬間、ヤツは「見つかった。ヤバい」と思ったんだな。ばーんと飛び降りて逃げていった。別に騒いだわけじゃないんだけど、見つかったことを察したんだね。

もう一回は、すぐそこにあるでかい柿の木だった。それがえらい揺れているんよ。「あれ、クマかな」と思った次の瞬間にはどさって落ちてきて、すぐに逃げていった。それも夜だったね。八〇キロぐらいあったのかな。

クマでも体重六〇〜七〇キロの小さいヤツは木登りが上手だね。あんまりでかいヤツは木登りはうまくない。一〇〇キロを超すヤツは苦手だよね。クマは単独行動

小さなクマは木登りもうまい

をしているけど、餌を食うときは同じ木に二頭も三頭も登っていることがある。ケンカしないで仲よく食っているよ。

昔の田舎の家には、外のちょっとした小屋のようなところに五右衛門風呂があったの。たまたまその脇に木があって、その木に登っていたクマが風呂の中に落っこちて、いっしょに風呂に入ったなんて話もあるくらいだから。

クマが木の上からぽーんて降りるでしょ。そのあと、ふつうだったらバサバサバサって音がするんだけど、音をさせないんだ。だからどっちの方角に逃げたのかわからない。あれは不思議だね。どーんて下に落ちたのはわかる。そのあとの音がしない。こっちも心配さ。まだそこいらにいて、襲い掛かってこられちゃかなわないから。でも、しばらくじっとしているうちに、どっかに逃げていっちゃうんだね。誰に聞いてもそう。だだーっと逃げる音がしない。どっちに行ったのかわからないようにするため、そーっと逃げるんだね。

動物はね、木の枝をボキッて折る音をえらい嫌う。だから俺も山に行くときには、なるべく枯れた枝なんかを踏まないようにそーっと行く。バサバサ音をさせて行ったんじゃみんな逃げちゃう。クマはゆっくり行動しているときはアシッコ（足型）をつけないんですよ。足の裏が平らででかいから、ぐっと踏み込まないんだね。逃げるときや雪が降ったときは別だけど。そういう意味じゃ大したもんだ。賢いよ。

クマも愛おしいやなあ。クマが柿の木に登って、逃げずに一生懸命食っていると きなんか、かわいいもんだぜ。あれだけでかい体をしているんだから、それなりの量を食べないと命を維持できない。冬を生きられるか生きられないかだからね。冬でも山のなかをウロウロしていて、冬眠できないクマもいるんだから。「温暖化しているからだ」なんていう人もいるけど、実際の話、クマが生きていけるだけの餌がないんですよ。

冬眠するには、体を維持できるだけの餌を充分に食べていないとできない。腹が減るからウロウロするんだけど、めったに餌がない。そうすると罠にかかったシカなんかを襲って食べる。あるいは、人里のほうに出てきて、飼われている犬を襲うとか。

ところがどういうわけか、ツキノワグマっていうのは肉を食っても肥えられないんだって。ヒグマとは違って。肉と柿があれば、どっちかっていうと柿を食うらしい。だけど肉を食っても不思議ではないよね。サルだってリスだって肉を食うんだから。

冬に餌がなくてウロウロしているクマを獲ったこともあるけど、ガリガリでした。栄養失調状態だから、肉もダメ、毛皮もダメ、脂肪もない。鉄砲を撃《ぶ》たなくたって、待っていればきっと死んでいたよね。そういえばろくに動きもしなかったよなあ。

今はクマが冬眠する場所もなくなっちゃった。人間が林道をつくって、昔あったクマの穴をいくつも潰してしまった。そういう穴がなくなる、ウロのあるようなでかい木も腐って倒れる。昔は大滝のほうに原生林があって、木のウロをいちばん好んで冬眠していたんですよ。それが今はないから、ちょっとした岩の凹みを利用して冬眠する。雨や雪が降れば、ケツのほうが濡れるようなところで冬眠の真似をしています。

冬眠ていうけど、あれは仮眠ていったほうがいいかな。体力を消耗させないために、静かにしているだけなんですよ。穴の中で手の脂を舐めながらもぞもぞしているし、意識もしっかりしているし。雌は種を持って穴に入って冬眠中に子どもを産むんだけど、子どもを持ったクマほど不思議と浅いところに寝る。深いところに入っているのはみんな雄。それこそ雪がかかるようなところで冬眠しています。

さすがにアライグマだとかハクビシンのように、民家を利用して寝るようなクマはまだいない。みんな奥山のほうに入って冬眠するからね。だからクマが出ても追っ払わないで、奥山に帰って冬眠できるように、柿でもなんでも食わしてやりたいんだけどよ。それが本音だな。

人間に必要な野生動物の生態や本能の知識

ツキノワグマは体重が四〇〜五〇キロの小さいやつでも、雌は母親になってもう子どもを育てるからね。雄の体重はだいたい八〇〜九〇キロぐらい。平均するとなんだけどね。なかには一〇〇キロを超して一二〇〜一三〇キロにもなるでかいものもいます。

ツキノワグマでも、最近は胸に白い紋様がないものもいる。「ムナグロ」っていって、完全にないものがいる。どういうわけだか最近多いね。昔は、五つ獲れれば四つには胸に白いVの字があった。なかにはちょろっとしかないものもいたけどね。

クマが子どもを産むのは三年に一回で、子どもがいると発情しないんですよ。それで雄グマが子グマを殺しちゃったりすることもあるらしいね。だから雌グマは雄グマも警戒するんですよ。そういう時期には、母グマはえらい敏感になっています。周りはすべて敵だからね。そんなときに、鼻歌なんぞを歌いながらルンルン気分で山に登っていってクマと出くわしたら、そりゃあケガもするよ。だからまず、人間が勉強しなきゃ。クマに教えるわけにはいかないんだから。人間がクマに出会わないように注意すれば、事故は半分ぐらいは防げると思うんだけどね。

このあいだ若御子山であった事故は、遊歩道を歩いていた登山者が、洞を見つけて覗き込んだら、クマがいたんだよね。クマもたまげたんだろうね。逃げようとしたんだけど逃げ道は穴の出入り口しかないから、人間のほうに向かっていくような形になって、やられちゃったんだよね。かなりの大ケガだったらしいで。クマは体の大きさに関係なく、すごい力だからね。冬眠をするために入っていたわけじゃないし、たまたまなにかの加減で穴の中に入っていたんでしょ。それを知らないで人間が顔を突っ込んだものだから、やられちゃった。まさかクマがいるとは思わないからね。運が悪いっていえばそれまでなんだけど。この前、両神山でも若い人がやられたでしょ。あれも人間の不注意だよね。

人間は、クマやイノシシやシカが生息している場所に、自分が入らしてもらうという気持ちを忘れちゃダメだよな。それがいちばん大切。ずかずか入り込んでいっちゃうから、クマにはたかれちゃう。クマでもイノシシでもシカでも、人間のほうが先に見つければ、なんとかなるんですよ。

今、登山が流行っているようだけど、犬を連れて歩いている人もいるらしいね。人間よりも犬が先にクマを察知するから、レーダー代わりになるということで。穴を覗き込んでやられちゃった人も、もし犬を連れていたら、ケガしないですんだかもしれないね。だからといって、みんながみんな犬を連れて歩くわけにもいかないし。ラジオや鈴を鳴らして、人間がここにいるっていうことをクマに知らせながら歩くのは効果があるんだけど、その反面、好奇心を持った子グマを興奮させることにもなるんだよね。あと、女衆のキャッキャした声とか。子グマは、人間がおっかないってことがまだわからない。雌グマが子グマを連れて逃げてくれりゃいいけど、クマは自分の子どもを抑えずに、そばに来る人間のほうを攻撃するからね。

クマは女性の声、子どもの声のような高い音には近寄ってくるということを人間は勉強したほうがいい。悲鳴のような音、赤ちゃんの鳴き声のような音っていうのはダメなんですよ。野生動物は、女性や子どもや年寄りなんかの弱いものがわかる。

それだけ知恵があるってこと。ツキノワグマならめったにいるもんじゃないと思うけど、「人間＝餌」って思うクマがおっかないんですよ。年寄り、子ども、女性は餌なんですよ。

音楽をかけているから、歌を歌っているから安全って思うのも愚の骨頂。逆に危ないこともある。自分がそこにいるってことを知らせているんだから。山に入る以上、自分が野生動物になる。それを忘れないことだな。自分も野生動物になって目を光らせる、聞き耳を立てる。それが大事だと思うよ。

クマは鈴の音よりも金属音を嫌がる。猟師が罠を仕掛けるときに、金属のチャリンチャリンていう音がするんだよね。犬の鎖もチャラチャラ音がするしね。無線をつなげたり切ったりする「チャッ、チャッ」という音も嫌がる。あとは光るもの。だから山に入るときは、光を反射させるような服を着るといい。

人間のほうが野生動物の生態や本能をもっと勉強すべきだね。まず相手を知ることなんだよな。

人間だってクマを殺すんだから、クマが人間殺したってしょうがないわな。そんなことを言うとすぐに反発を食らうけど、そのとおりだと思うよ。だから、人間のほうがもう少し頭を使って気遣うこと。それが大切だな、山に入る以上はね。

山に動物たちが棲める環境を再生する

クマに関しては、クマの立場からものを言う人と、人間側からものを言う人の、大きく分ければ二通りある。今はクマの立場に立って考えてやることも必要だというこどだよね。クマだって人間だって命が掛かっているんだから。お互い共存していくためにはどうしたらいいのか、人間のほうが考えていかなければならないよね。

秩父の三峰山に、三峯神社っていうえらく有名な神社があるんですよ。毎月一日に「氣」っていう白いお守りを売るんですが、それを買うために今でも五〇〇人ぐらい並ぶんですから。浅田真央ちゃんが持っていてご利益があったってことがネットに出たもんだから、もう有名になっちゃって。

その三峯神社のご神木のスギの木に、クマの子どもが登っちゃって、えらい騒ぎになったことがあったんです。神社の人は、参拝客にケガでもされちゃかなわないから、すぐに地元の猟友会に話をして、撃《ぶ》って駆除してもらったの。それが見るからにかわいいクマだったもんだから、「駆除する必要があったのか」っていう話になってね。その話がクマを守る活動をしている団体に伝わって、会の人が神社や役場に押しかけてきた。神社側は「それほど騒ぐ必要はなかったかもしれない」って言い出すし、役場側としては「万一、参拝客がケガでもしたら大変だから駆除の許可を出した」って言うしかないし。それぞれの立場でそれぞれに話すんだけど、ある意味、責任逃れですよ。

で、「じゃあ、そのクマはどうした?」となったときに、実は「剥製にしてくれ」と頼まれて俺が預かっていたんだ。そうしたら今度は俺のところに来て、まるで目の敵のように言われてね。向こうにしてみたら、剥製屋なんて動物の敵みたいなもんだから、まるで人間じゃないような言われ方をしました。今はもうお互い理解し合えて、いい仲になっているんだけどね。でも当時は、ちゃんといきさつを話しても、全然聞いてもらえなかった。

「じゃあ、あなた方に連絡すれば、被害が出ないように一昼夜見守ってくれるんかい?」

「罠で捕まえたクマを、殺処分しないであんたがたがなんとかできるんかい?」

そんな言葉が喉まで出掛かりました。

一方的に保護するだけでもうまくいかないけど、たしかに害獣駆除のやり方には今でも問題はあるんですよ。クマが人の家に入って暴れているっていうんじゃ問答無用だけど、そうでないかぎり、クマの行動を見守るような人間的余裕が必要だよね。そうじゃないと、「駆除」という名目でただ命を獲るだけということにも繋がりかねない。

だから緊急の場合以外の駆除は行なわないようにして、そのぶんのお金をクマと共存できるような方策に使うべきじゃないかな。たとえば動物たちが生きていける山の自然環境をつくってやることとかね。

昔の人は、「クマと一緒に恵みをいただく」なんてことを言っていた。ピンク色のきれいな花を咲かせるネブタの木っていうのがあって、その芽がタラノメ以上に美味いんですよ。なぜそれを人間が知ったかっていうと、クマが採って食っていたから。ブドウだとかイチゴ類、木の実など、自然林はいろんな恵みをもたらしてくれるんだけど、昔の人たちは「動物が食っても大丈夫だから」ってことで、そういう知恵をつけていった。動物から学んだわけです。

ところが今は、動物から知恵を学べた自然の環境がまったくない。スギやヒノキなんぞを植えるから草が出なくなっちゃう。ミミズ一匹いなくなっちゃう。陽が当たらないんだから、土が死んじゃうの。

これから必要なのは、何年もかけて人間が自然を壊しちゃったんだから、今度は何年もかけて人間がそれを再生すること。そうすればいい水、いい空気、いい太陽の光がもどってくるんですよ。山に棲む動物たちがいい環境のなかにいられるのが、人間にとってもほんとうはいいことなんじゃないかな。それが人間の将来につながると思うんだけどね。

◉第三章

近年のクマ襲撃事故

雪山に出没したクマ　上越国境・仙ノ倉山

前年敗退のリベンジ山行

山本雅祥（四十五歳）は、所属山岳会「山の会樹眩霧」の後輩ふたりと仙ノ倉谷の毛度沢林道をたどっていた。二〇〇七（平成十九）年十二月二十六日のことである。

この日の早朝、埼玉のJR大宮駅に集合した三人は、上越新幹線で越後湯沢に行き、上越線で土樽駅までもどって九時から行動を開始した。初日は仙ノ倉山北尾根に取り付いて小屋場ノ頭あたりまで、二日目は仙ノ倉山から平標山へ、三日目は日白山で幕営し、最終日にタカマタギを経て土樽駅に下山するという計画だった。

日白山とタカマタギは、平標山から北西方向に派生する尾根上にある山で、登山道は付けられておらず藪に覆われているため、雪のある時期にしか登ることができない。ネットで検索すると積雪期の記録がいくつもヒットするので、そこそこ人気のある山のようだ。タカマタギには山本も何度か挑んだことがあるが、敗退続きだという。

登路に選んだ北尾根からの仙ノ倉山は、前年の同じ時期にも往復しようとしたが、やはり敗退に終わっている。

「藪がまだ出ているようなスカスカの雪で、ラッセルにえらく苦労しました。雪がつきはじめるころは、実際に現地に行ってみないことには状況がわからないので、もっと雪が締まってからか、春になってから行けばいいんですけどね。へそ曲がりのせいか、入山者がほとんどいないこの時期に、わざわざ計画しているんです」

雪に覆われた林道には、わずかにトレースがついていた。天気は、ときどき薄日が射していたが、あまりパッとしなかった。

三泊四日の行程だったので、軽量化をあまり気にせず食料と燃料は多めに持った。テントは大きいものしか用意できず、「これをいったい誰が持つんだ」と、仲間内でいっとき険悪な雰囲気になったが、後輩のひとりが「じゃあ俺が持ちますよ」と言ってくれた。それでもザックの重さは三〇キロ近くあり、三人でふーふー言いながら雪の林道をたどっていった。

山本は子どものころにカブスカウトとボーイスカウトに所属していたこともあり、早くから自然に親しんできた。本格的に登山を始めたのは、高校でワンダーフォーゲル部に入部してから。進学した大学では山岳部が休部状態だったので、無雪期を中心にひとりでぽつぽつと山に登っていた。社会人になって「樹眩霧」に入会し、先輩から岩登りや冬山を教わった。当時の会員数は三十五人ほど（現在は二十八人）で、みんなそれぞれ好きなスタイルで山に登っていた。山本は主に北アルプスや上信越の山などでオールラウンドに活動し、一九九三年には勤労者山岳連盟隊に参加してインド・ヒマラヤのヌン峰に登頂した。

「若いころには一ノ倉沢や北岳バットレスにも通いましたし、キリマンジャロやメンヒにも登りましたが、あまりシビアなところには行っていません。比較的簡単なグレードのルートの数をこなすという感じでしたね。だからヌン峰に登ったころがピークで、以降、だんだん下降していってます（笑）」

林道をしばらくたどっていくうちに雪は次第に深くなり、脛から膝下ぐらいのラッセルになってきたので、途中でワカンを装着した。後輩からストックを借り、先頭を交代してラッセルを続けていると、左手に大きな堰堤が現われ、その奥にこんもりとした仙ノ倉山北尾根の末端が見えてきた。ザックは肩にずっしりと重かったが、取り付く尾根が見えたことで気がはやり、心なしかペースも上がった。

なぜ雪山にクマが

時刻は午前十一時前ごろだったか、行動を開始してすでに二時間弱が経過していた。後続の仲間とは一〇メートルほど間が開いていた。

群馬大仙ノ倉山荘の手前の広い河原を、うつむきながら黙々と歩いていると、右前方五、六メートル先の藪のほうからガサガサという音が聞こえてきた。その前にも同じような音がして鳥が飛び立っていったので、「また鳥かな」と思ってそちらのほうを見たら、藪の手前で立ち上がっている黒い獣のようなものが目に飛び込んできた。

身長は一二〇センチほど。それほど大きな獣には見えなかったが、ビクッと恐怖心が身体中を駆け巡り、瞬時にいろいろなことが頭をよぎった。

「なんだあれは？　クマか？」

「うん、クマに違いない」

大声を上げようかどうしようか迷い、「わーっ」と声を上げようとした次の瞬間には、もう地面に押し倒されていた。

「目と目が合ったとか、クマが襲いかかってきたとかの記憶はないんです。たぶん一瞬のうちに飛びかかってきたのでしょう」

直前に、右手に持っていたストックをクマに向けようとしたが、タイミングが一瞬遅かった。しかし、右腕を上げながら押し倒されたことによって、結果的に顔や右側頭部を防御できたのは幸いだった。

いざのしかかられてみると、見た目以上に重く感じた。体感的には八〇キロはあったような気がする。

「重てぇなあ。早くどけ！」

そう思いながら下でもがいている間にも、クマは「アグ、アグ」と唸りながら左前脚の爪で何度も引っ掻いてきた。仰向け状態でクマの下敷きになっていたので、巴投げのようにして跳ね除けられないかと思ったが、登山靴の上にワカンを履いた足は思うように動かせず、しかも重たいザックを背負った状態ではどうしようもなかった。

そのときは気がつかなかったが、仲間ふたりは後方から「クマだー、うぉー」と大声を出して威嚇してくれたことをあとから聞かされた。

攻撃されている間、クマの顔を見た覚えはほとんどない。もがいているうちに、ク

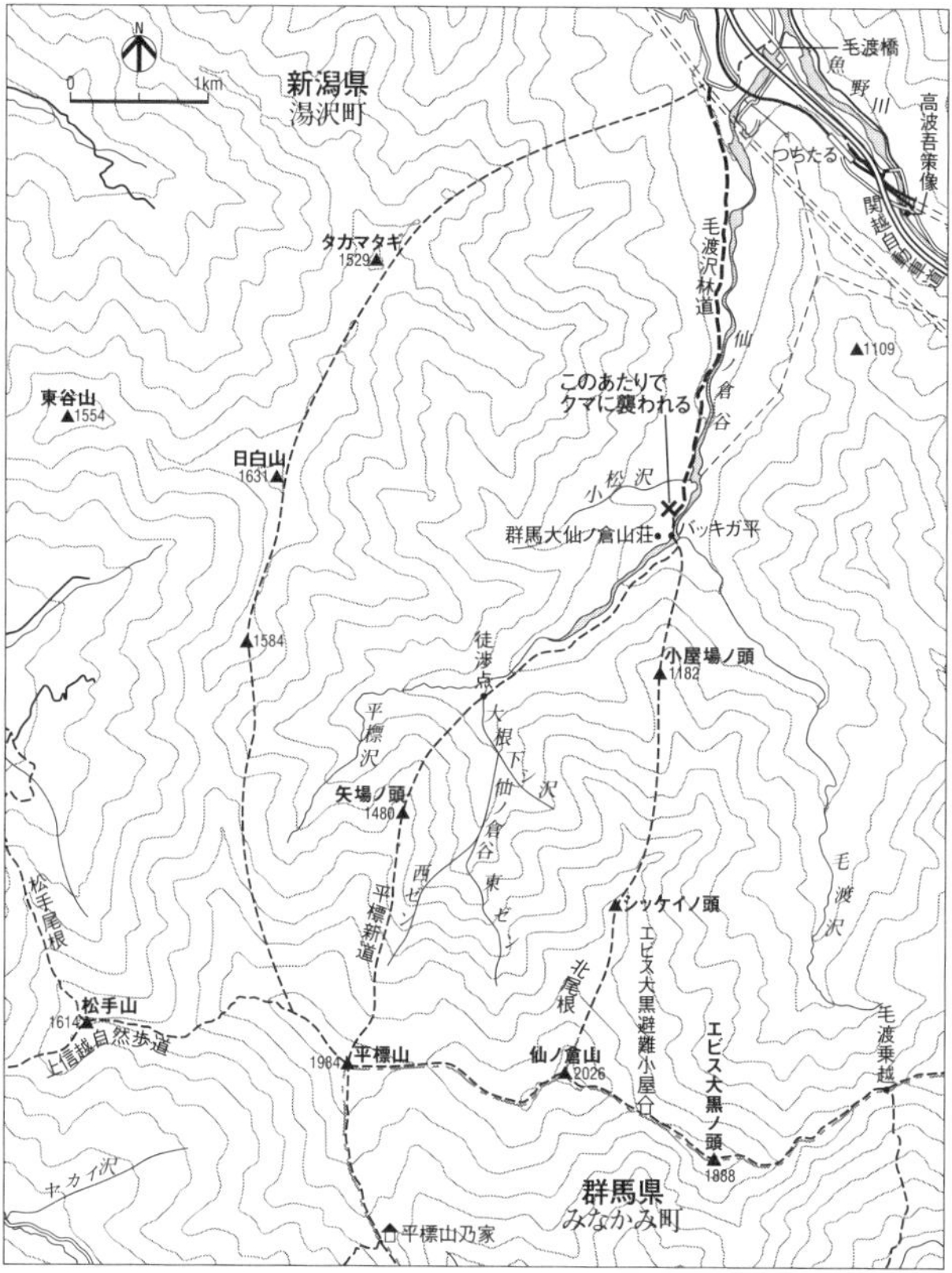
N
0
1km
新潟県
湯沢町
毛渡橋
魚野川
高波吾策像
つちたる
関越自動車道
タカマタギ
1529
毛渡沢林道
仙ノ倉谷
1109
このあたりで
クマに襲われる
東谷山
1554
日白山
1631
小松沢
群馬大仙ノ倉山荘
バッキガ平
1584
徒渉点
小屋場ノ頭
1182
平標沢
大根下シ沢
仙ノ倉谷
矢場ノ頭
1480
西ゼ
東ゼ
平標新道
シッケイノ頭
毛渡沢
松手尾根
北尾根
エビス大黒避難小屋台
松手山
1614
上信越自然歩道
1984
平標山
仙ノ倉山
2026
エビス大黒ノ頭
1888
毛渡乗越
ヤカイ沢
群馬県
みなかみ町
平標山乃家

マが体から離れたなと思うと、あっという間に毛渡沢のほうへ走り去っていった。わずか十秒足らずの出来事であった。

攻撃されているときも立ち去っていったあとも、興奮していたせいか痛みはほとんど感じなかったが、右側頭部からは出血が見られ、右肩と右腕にも数ヶ所、引っ掻き傷ができていた。止血のためバンダナで頭部を縛ってくれた後輩は、傷の具合を見て「これで登山は中止です」と宣言した。

それを聞いて、内心「なんだよ、リーダーは俺。君はリーダーじゃないんだぞ」と思ったことを今でもよく覚えている。ちょっと悔しかったので、「いや〜、大丈夫だよ。自力で下りられるよ」と言ったのだが、彼は「絶対無理です」と言って、携帯電話で新潟県警に連絡をして救助を要請した。

一時間二十分ほどすると、県警ヘリがやってきた。待っている間に体が冷えてきて、ザックの上に座ってぶるぶる震えていた。

ヘリは毛渡沢の広い河原の雪面すれすれのところでホバリングして、降りてきた救助隊員がザックといっしょに機内に収容してくれた。搬送中に傷がじんじんと痛み出してきて、「ああ、なんだかエラい目に遭っちゃったな」と思った。出血はまだ止まっていなかったようで、救助隊員から「これで血を拭きなさい」と言って軍手を手渡された。

六日町のヘリポートからは救急車で町立病院に運ばれた。病院で耳鼻科のドクターの診察を受けているときに、手鏡を渡されてこう言われた。

「あなた、耳がないですよ」

鏡を見て初めて右耳の上三分の二が欠損していることを知った。襲撃を受けた直後、応急手当てをしてくれた仲間はそんなことをひと言も言っていなかったが、実際は右耳がほぼなくなっていて、傷口からは頭蓋骨も見えていたようだ。それを言わなかったのは、「今ここで伝えるべきではない」と判断したからなのだろう。

傷が深かったため町立病院では治療ができず、長岡の赤十字病院に搬送されて縫合手術を受けた。仲間ふたりは自力で下山し、警察で事情聴取を受けたのち、病院まで見舞いにきてくれた。仲間から連絡を受けた妻は翌日、病院に駆けつけてきたが、最初は冗談かと思ったらしい。赤十字病院には三日間入院したのち、居住地の近くにある病院に転院した。ケガの程度はともかく、感染症の心配があったため入院は若干長引き、年が明けた一月三日に退院した。

右耳は下三分の一だけになってしまったが、聴覚や日常生活にはなにも問題なく過ごせている。最初のうちは頭を洗うときに耳に水が入ってきたが、不思議なことにだんだん入らなくなってきた。集音機能的に支障があるのでは、という心配も杞《き》憂《ゆう》に終わった。

耳が欠損してしまったことについて、ショックがないといえばやはり嘘になる。しかし、「暗く考えるより冗談ぽく振る舞ったほうがいい」と考え、友人や知人には「クマに耳を取られちゃった」とおどけて話をした。初対面の人からは、よく「昔、柔道をやっていたんですか」と言われるので、「黒帯までいきました」と返すようにしている。

山本が山でクマに遭遇したのは、実はこれが二度目である。一度目は、単独で阿弥陀岳の南稜を登りにいった二十四、五歳のとき。日付は十一月三日だったという。岩稜帯の下のほうを登っていると、犬がくしゃみをするような音が聞こえてきたので、「いや、ここに犬はいないだろう」と思ってそちらのほうを見たら、ちょっと離れたところに子グマがいた。「子グマがいるなら親グマもいるはずだ。これは危ない」と思い、ピッケルで岩をガンガン叩きながら一目散に山頂まで駆け上がった。

「しかし、十二月の雪山でクマに遭うとは予想だにしていませんでした。本来は冬眠の時期ですよね。温暖化の影響で、冬眠できずにあのあたりをうろうろしていたんでしょうか。でも、きれいごとを言うわけじゃありませんが、クマなどの野生の動物が棲んでいるところに僕らが足を踏み入れて登山をさせてもらっているわけですから、襲われたのは仕方のないことだったと思っています。そう言えるのも、ケガが片耳だけですんだからかもしれませんが」

今思い出しても、クマと目を合わせてはいないし、顔や爪を至近距離で見たわけでもなく、よくわからないうちにのしかかられていたので、記憶に恐怖はないという。逆に、そばで一部始終を目撃していた仲間のほうが怖かったのではないかと思う。ただ、事故後二〜三年は何度か夢でうなされたことがあるので、あるいは意識下でトラウマになっているのかもしれない。

クマに襲われたからという理由で山をやめたくないと思い、事故後はクマ避《よ》けの鈴をつけて登山を続けている。ただ、「リベンジで仙ノ倉山北尾根に行きましょう」という会の仲間の冗談交じりの誘いには、いまだに乗っていない。

畳平駐車場襲撃事故　北アルプス・乗鞍岳

観光地に突如現われたクマ

今でもときどき夢を見ることがある。真っ黒い大きなものが、大きな口を開けて襲いかかってくる夢だ。恐怖で飛び起きると、全身が汗でびっしょりと濡れている。あのときの光景はくっきりと脳裏に焼き付き、決して消えることはない。

石井恒夫（六十六歳）が五十〜七十代の友人十六人と乗鞍高原へ遊びにいったのは、二〇〇九（平成二十一）年九月のことである。石井らは会社のワゴン車を借りて十八日の晩に横浜を出発、諏訪SAで休憩をとり、翌十九日に畳平へと向かった。

石井が乗鞍岳を訪れるのは、このときで五回目だった。畳平バスターミナルから十五分ほどで登れる魔王岳からの眺望が素晴らしく、気に入って何度も足を運んでいたのだ。

登山は中学二年生のときに尾瀬の燧ヶ岳と至仏山に登ったのが最初で、社会人になってからもトレーニングがてら年に何度か丹沢の山々を歩いていた。ときには会津軽梯山や白馬岳など地方の山に登ることもあり、富士山にも五回登っていた。

畳平到着後、十七人中十四人は畳平周辺を散策し、石井を含めた三人が魔王岳へと向かった。

異変が起きたのは、遊歩道を登りはじめた直後の午後二時二十分ごろのことだった。後方から「クマが出たぞ」という声が上がり、続けて「助けてー」という女性の悲鳴が聞こえてきたのだ。それまで畳平にクマが出るなんて考えもしなかったが、助けを求める声を聞いて、とっさに体が反応した。

「お、クマが出たらしいぞ。俺、助けにいってくる」

友達にそう言って遊歩道の階段を下りはじめた。友達は「おい、やめとけ」と止めたが、人を助けるのが先決だと思って聞かなかった。

現場までの距離は約二〇メートル。着いてみると、うつ伏せに倒れている女性の背中にクマがのしかかっていた。周囲にはたくさんの観光客や登山者がいて、石を投げつけてクマを引き離そうとしていた。石井も石を投げながらクマに接近し、来るときに高速道路のサービスエリアで買い求めていた杖でクマの鼻っ柱を殴りつけ、目を突こうとした。そのときの心境を、石井は「女性がクマにやられているのを見ていられなかった」と振り返る。

攻撃を受けたクマは女性から離れたので、石井は「早く岩陰に隠れな」と女性に告げて自分も逃げようとした。

しかし、次の瞬間にはもう石井の目の前でクマが仁王立ちになっていた。四つん這い状態のクマは小さく見えたが、立ち上がったクマの前脚は石井の頭の上にあった。その素早さと大きさに驚く間もなく、左前脚で頭部に一撃を食らった。

「その一撃で右目がぽろっと落っこっちゃって、上の歯もなくなりました」

激痛のあまりその場に倒れ込んで左手で顔を覆ったら、今度はクマが上からのしかかってきて、左腕に噛み付かれた。そのまま頭を左右に激しく振ったため、左腕が千切れそうになった。石井は右手に握っていた杖で必死に抵抗していたが、次第に意識が遠のいていき、その後のことはまったく覚えていない。

負傷者が続出し、現場はパニック状態に

その日は九月の三連休の土曜日で天気もよく、畳平は朝から大勢の登山者や観光客で賑わっていた。

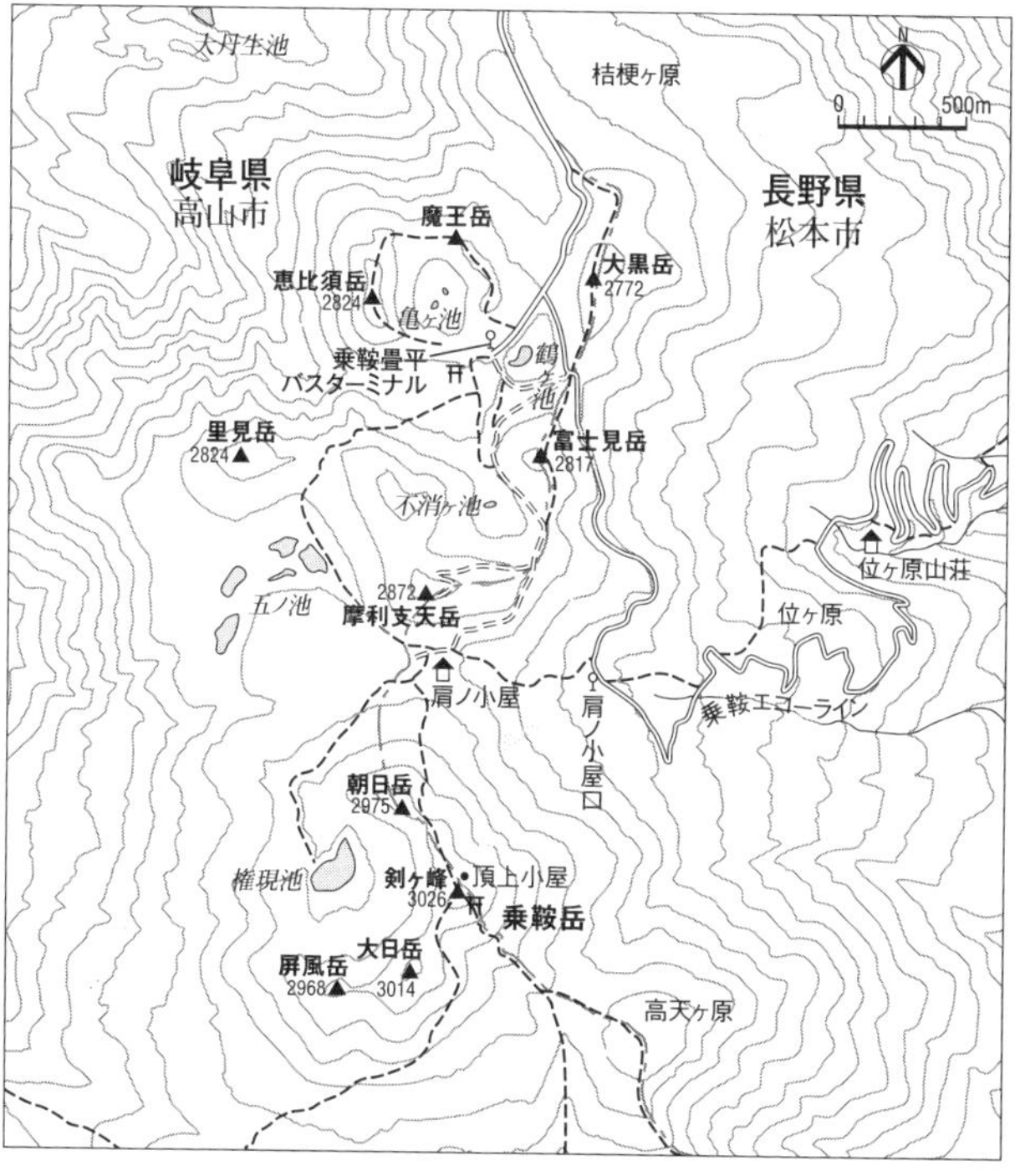
大丹生池
桔梗ヶ原
N
0
500m
岐阜県
高山市
長野県
松本市
魔王岳
恵比須岳
2824
大黒岳
2772
亀ヶ池
乗鞍畳平
バスターミナル
鶴ヶ池
里見岳
2824
富士見岳
2817
不消ヶ池
位ヶ原山荘
2872
摩利支天岳
五ノ池
位ヶ原
肩ノ小屋
肩ノ小屋口
乗鞍エコーライン
朝日岳
2975
権現池
剣ヶ峰
3026
頂上小屋
乗鞍岳
大日岳
3014
屏風岳
2968
高天ヶ原

山小屋「銀嶺荘」のオーナー・小笠原芳雄（五十九歳）が悲鳴を聞いたのは、建物の前で掃除をしていたときだった。悲鳴が上がったのは魔王岳の登り口となっている石段のところで、そこにたくさんの観光客や登山者が群がっていた。急いで駆けつけてみると、男性が倒れており、その上にクマが覆いかぶさっているのが見えた。取り囲んでいる人は三十〜五十人ほどもいただろうか。「これは危ない」と思い、小笠原は周囲の人たちに「クマが向かってくるかもしれないので、ツアーの方は乗ってきた観光バスの中に、そのほかの方は近くの建物の中に避難してください」と勧告した。そのあと、石井を襲っているクマに向かって、一〇メートル離れた場所からパンパンと手を叩くと同時に大声を上げた。

「とくに『お客さんを守らなければ』というようなことは考えませんでした。クマの注意をこちらに向かせるつもりで、気がついたら無意識的に行動していました。当然、自分も警戒していたし、充分逃げられると思ってました」

目論見どおり、クマは小笠原の存在に気づくと、石井への攻撃をやめて猛然とこちらに向かってきたので、小笠原は急いで銀嶺荘の中に駆け込もうとした。

だが、そのときに想定外の誤算が生じた。小笠原といっしょに現場に駆けつけた銀嶺荘の男性従業員が、逃げる途中でつまずいて転倒してしまったのだ。そこにクマが追いついて男性にのしかかり、攻撃を加えた。

小笠原は銀嶺荘の近くまで逃げていたのだが、従業員が襲われているのを見て引き返し、再び手を叩いて大声を上げた。その音に反応して振り返ったクマの目を、小笠原は今でも忘れない。

「そのときのクマの目は真っ赤に充血していました。クマは目と目を合わせると興奮するとよく言われますが、それはほんとうだと思いました」

従業員から離れたクマは、小笠原に向かって突進してきた。再び走って逃げ、銀嶺荘の玄関の前まで来て振り返ったら、目の前にクマがいた。

「振り向かなければよかったのに、つい振り向いてしまいました。それがいけなかったんです」

最初に石井を襲っているクマを見たときは、全長一二〇センチぐらいの大きさかなと思っていたが、二本足で立ち上がったクマの身長は一六〇センチほどもあり、ちょうど小笠原の目の高さにクマの顔があった。

とっさに小笠原は左手でクマの右腕をつかんだが、太いうえに毛並みで手が滑った。次の瞬間、左腕で顔面に一撃を喰らった。そのままうつ伏せに倒れ込んだ上にクマがのしかかってきた。とにかく頭部を守ることだけを考え、両手で後頭部を抱えて防御姿勢をとったが、右手にクマが噛み付いてきた。

そのとき、目の端に小笠原の長男が近づいてくるのが映った。「来るな」と叫ぼうとしたが、声が出なかった。駆けつけた長男が思い切りクマの腹を蹴りつけると、クマは標的を長男に変えて襲いかかっていった。のちに小笠原が長男に「なんであんなバカなことをしたんだ」と問うと、「親父が死ぬと思ったからだ」と言われた。

次々とクマに人が襲われている間、周囲にいた観光客の間からは怒号と悲鳴が上がり、駐車場に停められていたバスやタクシーはクラクションを鳴らし続けた。そのなかのひとり、現地のパトロール員が軽トラックをクマに接近させ、クラクションを鳴らして威嚇した。これに逆上したクマは、今度は軽トラックに立ち向かっていき、爪や牙で攻撃しようとした。この隙にほかの車が負傷者をピックアップし、バスターミナル内にある救護室に運び込んだ。いちばん重傷だった石井も、周囲にいた人たちによって救助されていた。

トラックと格闘していたクマは、さすがに分が悪いと感じたのだろう、逃げ惑う

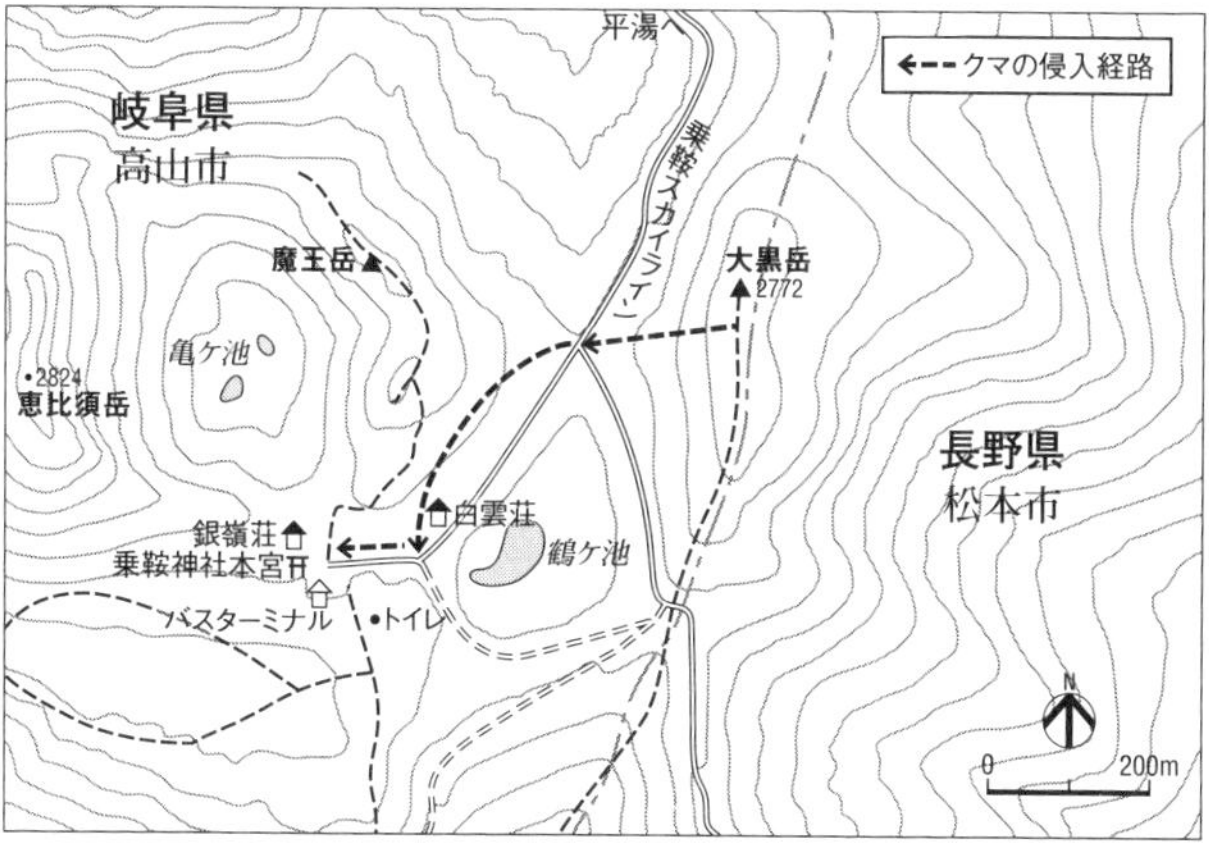
平湯へ
クマの侵入経路
岐阜県
高山市
乗鞍スカイライン
魔王岳
大黒岳
2772
亀ケ池
•2824
恵比須岳
長野県
松本市
白雲荘
銀嶺荘
乗鞍神社本宮
鶴ケ池
バスターミナル
•トイレ
N
0
200m

人たちを追いかけるような形で、最初に石井を襲ったあたりまで引き返し、当時その場所にあった岐阜県の乗鞍環境パトロールの詰所の中に侵入した。しかし、詰所の中には先にパトロール員が逃げ込んでいた。そこへクマが飛び込んできたので、パトロール員は慌てて窓を開けて外に飛び下りたのだが、そのときに足を骨折してしまった。

クマが詰所の中に入ったのを見て、先のパトロール員は詰所のドアに軽トラックを横付けして中に閉じ込めようとした。だが、クマは窓から外へ飛び出し、逃げる人々を追いかけて駐車場を横切り、三階建てのバスターミナルの建物の正面玄関に突進してきた。

そのバスターミナルの中には、従業員の誘導に従って大勢の観光客や登山者らが避難しており、正面玄関入口には長椅子を並べたバリケードが築かれていた。こちらに向かってくるクマを見て、従業員が正面玄関のシャッターを閉めようとしたが、間一髪間に合わず、膝ぐらいの高さまで下がったところでクマが飛び込んできてバリケードを突破した。

事故翌日の二十日付の『信濃毎日新聞』には、ターミナル内にいて左耳をクマに噛み付かれたバスの女性運転手の生々しい証言が掲載されている。

〈外でしきりに車のクラクションが鳴っているので、何かしらと思った。しばらくすると突然何人かがどっとターミナルに駆け込んできて、後を追い掛けるように熊が飛び込んできた〉

〈逃げ惑うお客さんに出口を示すとみんな飛び出していって、私が出る前に出口が閉まった。出口を背にする私に熊が迫ってきて引きずり倒された。ターミナル内に残っていた人が熊に応戦してくれたが、やられてしまった〉

女性からクマを引き離そうとした従業員のひとりは、モップの柄で突いたり足で蹴ったりしているうちに右腕を噛まれ、足も爪で引っ掻かれた。椅子を手にクマを追い払おうとした女性従業員は、気がついたらいつの間にか噛まれていて出血していた。彼女を助けようとして素手で立ち向かった同僚の男性も、引っ掻かれてケガをした。

バスターミナルの一階に避難していた約五十人（一〇〇人前後という報告もある）の人々は、パニックに陥りながら逃げ惑い、テーブルの上に飛び乗るなどしてクマの攻撃をかわそうとした。一部の者は上の階へ避難し、三階部分の屋根裏部屋に逃げ込んで内側から机などでバリケード封鎖する者もいた。

そんななかで、従業員らはケガにも怯まずに必死でクマに立ち向かっていった。従業員のひとりがこう証言する。

「お客さんから手渡された消火器でクマを叩こうと思ったのですが、重くて無理だったので、噴霧して追い出そうとしたんです。クマは消火器の白煙にびっくりしたようでしたが、外に追い出すことはできず、最終的に売店の中に逃げ込みました」

ターミナルの一階部分には食堂と休憩所、それに売店があり、食堂の売店の仕切りのところで格子状のシャッターが下りるようになっている。従業員はそのシャッターを下ろして、クマを売店内に閉じ込めた。

そして午後六時前、報せを受けた高山猟友会丹生川《にゅうかわ》支部のメンバー四人が現地に到着。防犯用ミラーに映ったクマの様子をシャッター越しに探り、通路に姿を見せた瞬間、シャッターの隙間から銃撃して射殺したのだった。

その後の解剖の結果、クマは二十一歳の高齢の雄だったことが判明。体長は一三六センチ、体重は六七キロの、健康な個体だった。

重傷者の思い

クマの襲撃を受けている最中に意識を失った石井は、その後、クマが小笠原らに襲いかかっているときにゆらりと立ち上がり、右手に杖を握ったまま再びクマに向かっていこうとしたという。しかし、石井にはその記憶がない。

現地の従業員らに救助された石井が一時的に意識を取り戻したのは、ジープに乗せられて飛騨高山の病院に向かっているときだった。とにかく家族には連絡を入れなければと思い、付き添っていた者に「ポシェットのポケットの中に携帯電話が入っている。三を押せば娘の電話につながるから連絡をとってくれ」と頼んだ。間もなくして救急車のサイレンの音が聞こえてきて、石井は再び気を失った。

付添人に身内がいなかったので、救急車が病院の入口に入ってきたときから警官が立ち会ってビデオが撮影され、手術中もビデオが回された。後日、そのビデオを確認した娘からこう言われた。

「病院に運び込まれたときのお父さんの顔は人間の顔じゃなかった。よくあれで助かったと思う。お父さんが見たら、きっと気が狂っちゃうよ」

そのビデオを石井は見ていない。

石井が顔に受けた傷は非常に深く、脳外科のドクターは「脳がピクピク動いているのが見えた。あと〇・五ミリ傷が深かったら命がなかったかもしれない」と言った。右目は完全に失明し、左目の神経も損傷して視力は以前の半分ほどに落ちた。今も徐々に見えにくくなっていて、白く霞がかかったようにものが見えるという。

噛まれた左腕は、動脈と静脈は辛うじて切れなかったものの、骨は砕け筋も切れ、神経もやられて今でも痺れが残る。また、クマにのしかかられたときに、後脚の爪が左膝に刺さったため膝の皿がぐらつくようになり、歩くのにも不自由するようになってしまった。

一方、石井を助けようとして重傷を負った小笠原は、バスターミナル内の救護室に運ばれて治療を受けていたが、そこへクマが飛び込んできた。周囲の人たちは慌てて小笠原を窓から外へ運び出して二度目の難を逃れた。

不幸中の幸いだったのは、観光客のなかに看護師がいて、適切な応急手当を受けられたことだ。看護師の指示に従い、顔の傷には氷を当ててずっと冷やしていた。

その後、小笠原と長男は従業員のワゴン車でいっしょに搬送され、途中で行き合った救急車にバトンタッチして、石井と同じ病院に運び込まれた。クマの一撃によ

観光施設に出没するクマも増えてきた（写真は乗鞍のクマとは関係ありません）

って受けた顔の傷は唇の上から喉にまで達しており、口のまわりの肉がめくれ上がって歯が丸見えになっていた。結果的に一〇〇針以上縫うことになったが、運がよかったことに傷は頸動脈の手前で止まっており、出血はそれほどなかった。ただし、口の近くの神経が切れていて、話をするのに若干不自由するようになった。また、打撃を左腕に受けた際に、細い骨が一本折られていた。

長男は軽傷で済んだが、逃げる途中で転倒して襲われた従業員は頭部を引っ掻かれ、一ヶ月ほど入院するハメになった。

この事故の一週間前の九月十二日には、岐阜県防災航空隊のヘリコプターが奥穂高岳での救助活動中に墜落して救助隊員ら三人が死亡するという事故が起きている。その影響からか、ケガ人の救助には富山県の防災ヘリコプターも出動し、何人かは富山県内の病院に運ばれていった。

小笠原によると、襲撃された人はみんな顔をやられたそうだ。

「クマが人を襲うときは、やはり顔を狙ってくるようですね」

当初の報道では、この事故による負傷者は九人にのぼると伝えられていた。しかし、その人数には、いちばん最初にクマに襲われた人は含まれていない。その存在が明らかになったのは、事故後しばらく経って被害者のインタビュー記事が地元紙に掲載されたからである。その被害者というのが徳島から来ていた六十八歳の男性で、事故当日は妻とふたりで観光で乗鞍岳を訪れていた。以下は同年十月六日付の『徳島新聞』からの転載である。

〈午後2時半、ひだ丹生川乗鞍バスターミナルに到着した。タクシーを降りて1人で風景を写真に収めていたところ、突然クマが姿を現し、自分の方に向かってきた。必死で7、8㍍逃げたが追いつかれ、背後から飛びかかってきたという。

「大きなくぎで打たれたような感じの激痛が走った」。左肩から脇腹にかけてと左足のひざ下をツメで引っかかれていた。一撃を受けた後、とっさに1㍍ほど横に飛んで逃れた。この後、クマは近くの観光客らを次々に襲っており、「しばらくはクマのなすがまま。地獄絵図のようだった」と恐怖を振り返る〉

この男性は、クマがバスターミナルに侵入するまで駐車場にいたが、治療施設がなかったので、妻とともにタクシーでその場を離れ、上高地の診療所で止血や消毒などの措置を受けたという。妻はたまたまトイレに行っていて難を逃れていた。傷は全治一ヶ月だったそうだが、いち早く現場を離れたため、警察が発表した負傷者には数えられていなかった。つまりこの男性が第一番目の被害者であり、負傷者の合計は計十人ということになる。

インターネット等で公開されているこの事故についての記述には、石井が助けようしたのがこの男性だったとするものが多い。しかし、石井自身は「襲われていたのはザックを背負っていた女性だった」と言っているし、実際その場で当人に「早く岩陰に隠れな」と声を掛けている。また、石井は女性にのしかかっているクマを杖で叩いたというが、新聞報道によれば、最初に襲われたとみられる男性は背後から一撃を受けたのち、とっさに横に飛んで難を逃れているとのことなので、別人である可能性は高い。

こうした緊急事態の場合、当事者らの証言が食い違うのは珍しいことではないし、記憶違いまたは思い込みということも考えられる。時間の経過とともに記憶が少しずつ変わっていくのもよくある話だ。あるいは、クマが第一被害者のあとに女性観光客を襲おうとしていて、その女性を石井が助けようとしたのかもしれない（女性が被害者のなかに計上されなかったのは、たまたま無傷ですんだからか）。ともあれ、真実がどうだったのかは、今となってはわからない。

いずれにしても、ただひとつ確実なのは、石井が行動を起こしたのは、クマに襲われている人を助けるためだったということだ。ところが、この事故を取り上げた新聞やテレビの多くは、「畳平付近に現われたクマを、石井が棒で叩いたり石を投げつけたりして興奮させたことがきっかけとなって、次々と人が襲われた」というようなニュアンスでニュースを流した。これは、現場に居合わせた観光客が、マスコミの取材に対して目撃したことだけを伝え、それをそのままマスコミが報道したためだと思われる（同行していた石井の友人が実際にその取材の様子を聞いていたという）。つまり、「クマに襲われている人を助けようとした」という部分がすっぽり抜け落ちていたわけだ。友人はそのことを警察にもちゃんと説明したそうだが、残念ながらそのことはほとんど報道されなかった。

事故のせいで、その後の石井の人生は大きく変わってしまった。インタビュー時に、このとき取った行動について、今どう思っているかと尋ねると、「後悔はありません」という言葉が返ってきた。

「この事故のあと、いっしょに行っていた友達十六人が『悪いことをしてしまった』『助けてあげることもできなかった』と負い目を感じ、家にも遊びに来なくなってしまいました。友達がみんな離れていったうえ、片目を失くして、左腕と左足も不自由になり、好きな山にも登れなくなってしまって……。私だって好き好んでやったわけではありません。あのときは自然に体が動いていました。でも、子どものころから父親や叔父さんによく言われていたんです。『人に助けてもらうのではなく、人を助ける人間になれ』と。だから、後悔はあるけど、『人を助けたんだ』と自分に言い聞かせて、気持ちを落ち着かせています」

ただ今も残念に思っているのは、助けようとした人からなにも言ってこなかったことだ。石井は言う。「ひとことでいいから『ありがとう』と言ってもらいたかった」と。

その一方で、小笠原に対してはいくら感謝しても感謝しきれない思いがある。

「気を失ってしまったあとに小笠原さんが駆けつけてきてくれた。小笠原さんが来てくれなかったら、助かっていなかったかもしれません」

事故の翌年、石井は小笠原に会って礼を述べるため、娘を同行して畳平を訪れた。できれば毎年会いにいきたいのだが、年々目が悪くなっているため、なかなか叶わないでいるという。

高山帯にもクマは棲息する

小笠原によると、「畳平周辺には昔からクマが出没していた」という。

「そんなにしょっちゅう姿を現わしていたわけではありませんが、一年に二、三回は来ていました。昔は乗鞍岳の頂上の下にある権現池でも見たことがあります」

姿を見せるのは雪解け後の七月中旬〜九月ごろまでで、コケモモや高山植物を食べにきて、九月を過ぎると下に下りていく。ただ、ここ十年ぐらい（注・二〇一六年時点）は、二十〜三十年前に比べると目撃する回数は増えているそうだ。

「クマ撃ちをする猟師がいなくなったせいもあり、頭数は間違いなく増えていると思います。このあたりに現われるクマはたいてい岩陰やハイマツの陰にいて、ある程度の距離を置いて様子をうかがっています。乗鞍スカイラインでもエコーラインでも、車で走っていると、たまにクマが道路を横断することもあります。車を見るとすぐに藪のなかに隠れますが、人との接触にあまり恐れを感じていないように思います。ほかのエリアのクマに比べると、人慣れ、車慣れしているのかもしれません」

しかし、後にも先にも乗鞍岳周辺で立て続けに人が襲われたという例はほかにない。この事故のクマに限って、なぜ特異な行動に出たのだろうか。

それを検証したのが、岐阜大学応用生物科学部附属野生動物管理学研究センターの「乗鞍クマ人身事故調査プロジェクトチーム」である。同チームは、事故の目撃者らから独自に聞き取り調査を行ない、「乗鞍岳で発生したツキノワグマによる人身事故の調査報告書」(二〇一〇年三月)として公表した。

この報告書や新聞報道等によると、この日の午後二時十分過ぎ、興奮した様子のクマが大黒岳方面から勢いよく駆け下りてきて、乗鞍スカイラインの岐阜方面と長野方面の分岐点近くに差しかかったのが事の発端だったという。分岐点には二台の観光バスが連なって走っており、一台目が右折するために減速した際、クマは二台のバスの間を突っ切ってすり抜けようとした。しかし、一台目のバスの後部バンパーに接触して転倒。起き上がるとバンパーを前脚で引っ掻くなどして攻撃したのち、左手にあった利用休止中の駐車場に向かった。その駐車場の入り口は鉄柵で塞がれていたが、クマは頭から鉄柵に突っ込み、胴体が挟まって身動きがとれなくなってしまった。しばらくもがいているうちに胴体が抜けたため、クマはそのまま魔王岳のほうへ走り去った。その後の二時二十分ごろ、バスターミナルの石壁の上のハイマツ帯から再び姿を現わしたが、石壁の下に転がり落ち、魔王岳の登山口のほうへ猛烈な勢いで走っていった。その直後に徳島の男性と石井が襲われたというわけだ。

最初に大黒岳から興奮状態で駆け下りてきた原因については、大黒岳の山頂付近に観光客がいたことが目撃されていることから、同報告書ではこう推測している。

〈通常クマが何のきっかけもなく走り出し人前にでるということは考えにくく、周囲に隠れる場所のない乗鞍のような高山帯においてその原因となる可能性が高いのは人間との遠・近距離での接触である。おそらく、斜面上部で人とのなんらかの接触があったのではないだろうか。ひとつの可能性として、本個体が採食に夢中になっているところで突然人に大声を出されるなどしたため、驚き斜面を駆け下りたところ車の往来する道路に出てしまいパニックになり、たまたま接触したバスを攻撃したということが考えらえる。本個体がパニック状態であることは、その後の駐車場の柵や石壁での行動から明らかである。通常森林内であれば人間との遭遇により驚き逃げたクマは人の目の届かない藪や林内に入り落ち着きを取り戻すことができるが、今回は高山帯のためそのような環境がなかったと考えられる〉

一部には「人に対する警戒心が低いために出没した」という見方もあったが、若齢ではなく高齢の個体だったことから、その可能性は低いと見られている。さらに捕獲歴や罠・銃による傷跡も認められず、健康状態も正常だったため、「過去に人間と接触して手負いになり、攻撃性が高まっていてこの事故を引き起こした」とする見方も否定された。

要するに、なんらかの原因で驚いたクマが逃避行動として大黒岳の斜面を駆け下ったものの、たまたま車が往来する道路に飛び出し、パニック状態になってしまったということである。さらにバスに接触したり鉄柵に挟まったりするなどしてパニック状態が続いたのち、運悪く大勢の人で賑わう畳平のバスターミナルに出てしまい、極度の興奮状態に陥ったのだろう。そのバスターミナルで大声を出されたり石を投げられたりしたことで精神的によけいに追い詰められ、威嚇・攻撃してきた（実際は襲われている人を助けようとした）人たちや逃げ惑う人たちに次々と襲いかかったというわけだ。

なお、標高三〇〇〇メートル近い高山帯の観光地にクマが出現したことについて、「観光客の残飯に引き寄せられた可能性もある」と指摘する報道が一部にあった。しかし、これは事実ではない。

岐阜大学の事故調査プロジェクトチームはクマの解剖調査を行なっており、その結果、胃の中からはハイマツの球果やキソアザミの葉など、高山帯や亜高山帯などに生育する植物類が検出され、残飯やゴミ類は確認されなかった。また、体毛を分析することで動物の植生を解析できる検査においても、少なくとも過去二年間は残飯類を食べていた形跡がないことが明らかになった。さらに畳平周辺の観光施設では、カラスによる被害を防ぐため、数年前から残飯やゴミ類を一切野外に放置しないようにしていたという。

〈個体分析から、本個体は特に異常性の認められない通常の健康個体であることが明らかになった。食性についても事故直前、過去の履歴ともに自然の動植物を摂取していた。よって、個体分析からは今回の事故の発生要因は認められなかった。なお、聞き取りにより、畳平で発生した食品廃棄物は建物内で保管し定期的に麓に下ろしていること、排水は浄化槽を設置し環境中への漏出はないことが確認されており、食性分析の結果を裏付けるものであった〉(同報告書より)

また、プロジェクトチームはクマの生息状況や生息環境に関する調査も行ない、「6月から9月にかけては、乗鞍岳の高山帯を通常に生息域とするツキノワグマが存在する」ことを確認した。通常、これらのクマは雪解けが進むとともに亜高山帯から高山帯へと移動して夏を過ごし、秋になると低山帯に下りてくるが、事故を起こした個体は低山帯への移動をやや遅らせて高山帯に居残り、そこで菜食を行なっていたものと推測されるという。

いくつかの偶発的な不幸が重なってクマが追い詰められ、この事故が起きたことは間違いなさそうだが、人間の側に「乗鞍岳周辺はクマの行動圏である」という認識が低かったことも、被害が拡大した一因であることは否定できない。同報告書では、事故の再発防止のために基本認識を持つことの重要性をこう指摘している。

〈個体分析、生息状況、生息環境の調査結果から、今回事故を起こしたクマはこの地域を生息地として利用していたごく普通の個体であり、事故を引き起こすような異常性を持った特殊な個体ではなかった。また、乗鞍は高山帯にもクマの餌資源となる植物が豊富に存在し、事故現場となった畳平を含む一帯もクマの生息地であることが明らかになった。これらのことから、乗鞍では観光客がクマの生息地圏内に侵入しているということ、また条件が重なれば今後も同様の事故が発生する可能性を否定できないということを基本認識として持たなければならないだろう。この基本認識は、乗鞍に限ったことではなく、クマが生息しうる豊かな自然環境が保全さ

れている他の観光地であっても何ら変わりはない〉

併せてクマの生息数や行動のモニタリング、クマが出現したときの対応策、観光客への周知の必要性などについても同報告書では言及されている。

現地では、この事故が契機となって、地元の観光協会と岐阜県、それに高山市が毎年合同でクマ対策会議を開くようになり、その年の事故報告とクマ対策などについて話し合われている。岐阜県の環境パトロールと森林管理署による周辺地域の巡回・監視も開始され、もしクマを見つけたときには観光客や登山者を一〇〇メートル以内に近づけないように誘導しているという。また、岐阜県の公式ホームページには、畳平付近でのクマ目撃情報も随時アップされている。小笠原が経営する銀嶺荘では、事故後、クマを包囲するためのネットとクマ避けスプレーを常備するようになった。

小笠原によれば、畳平を訪れる観光客や登山者のなかには今でも事故のことを覚えている人もいて、クマのことや事故のことを聞かれたりすることもあるという。ただ、事故から十年近くが経過し、事故のことを知らない人が増えつつあるのもまた事実だ。乗鞍岳を訪れる人のなかで、前出の論文が指摘するような「クマとの遭遇に対する心構え」を持っている人がはたしてどれだけいるのかといったら、おそらくそんなには多くないだろう。

「その対応策を末端まで浸透させるのはなかなか難しいと思います」

と小笠原も言う。

事故を振り返って小笠原が思うのは、もしあのとき石井が襲われておらず、クマだけが単独でいたら、ということだ。

「手を叩いたり大声を出したりするのは、クマを威嚇することになるので、やはり危険だと思います。しかもあのときは周囲を取り囲んでいた人たちから「わーっ」「きゃー」という悲鳴が上がっていたので、よけいにクマも興奮したのでしょう。でも、もしあのままにしていたら、石井さんは命を落としていたかもしれません。放っておくわけにはいきませんでした」

ただ、被害者が出ておらず、ふつうの状態でクマがいたときには、自ら静かに遠ざかること。観光客や登山者がいる場合は、静かに避難させるだけにとどめること。決してクマに向かっていくものではない。それがこの事故から得た教訓だと、小笠原は言う。

休日の山頂付近に現われたクマ　奥多摩・川苔山

登山者で賑わう山頂直下でクマと対峙

二〇一四（平成二十六）年九月二十八日の日曜日、松井幸男（仮名・三十四歳）は早朝に自宅を出発し、ＪＲ青梅線鳩ノ巣駅近くの町営駐車場に車を停め、電車に乗り換えて奥多摩駅まで行った。駅に設置されていたポストに登山届を提出したのち、バスで川乗橋へ。百尋ノ滝経由で川苔山《かわのりやま》に登り、鋸尾根から杉ノ殿尾根をたどって鳩ノ巣へ下りるというのがこの日の予定だった。

松井にとっては久しぶりの山登りであった。秋山シーズンが終わる前に北アルプスにでも行きたいなあと思い、その足慣らしのつもりで計画したのがこの山行だった。ちょっと前にはスマホの地図アプリを購入していたので、それも実際の山で試してみたかった。

天気はよく、日曜日ということもあってコースには大勢の登山者が行き交っており、百尋ノ滝でもたくさんの登山者を見かけた。迷いやすそうなところに差し掛かると、地図アプリで現在地を確認した。アプリを立ち上げるだけで現在地が液晶画面の地図上に表示されるのを見て、「これはたしかに便利だな」と思った。

川苔山の山頂に着いたのが十一時ごろ。ちょうど昼どきだったので、二十人ほどの登山者が思い思いにランチタイムを楽しんでいた。松井も山頂のかたわらに腰を下ろし、三つ持っていたおにぎりのうちふたつを食べた。松井は言う。「このときにもうひとつおにぎりを食べていたら、ってよく思うんです。あと二、三分、山頂でゆっくりしていたら、何事もなく無事下山していたかもしれないのに」と。

山頂では三十分ほど休憩して下山にとりかかった。山頂直下の東の肩の広場では、中年の男性が縦笛で「コンドルは飛んでいく」を吹いていて、山頂から先に下りていた何人かの登山者が立ち止まって耳を傾けていた。登ってくるときも同じ男性を見かけていたので、「このあたりではちょっとした有名人なのかな」と思いながら、松井はその横を素通りしていった。このときのこともまた、「もし立ち止まって笛を聞いていたら、違った結果になっていたかもしれない」と、のちに何度も自問することになる。

その東の肩からわずかに五〇メートルほど下ったときだった。右手の藪の中から

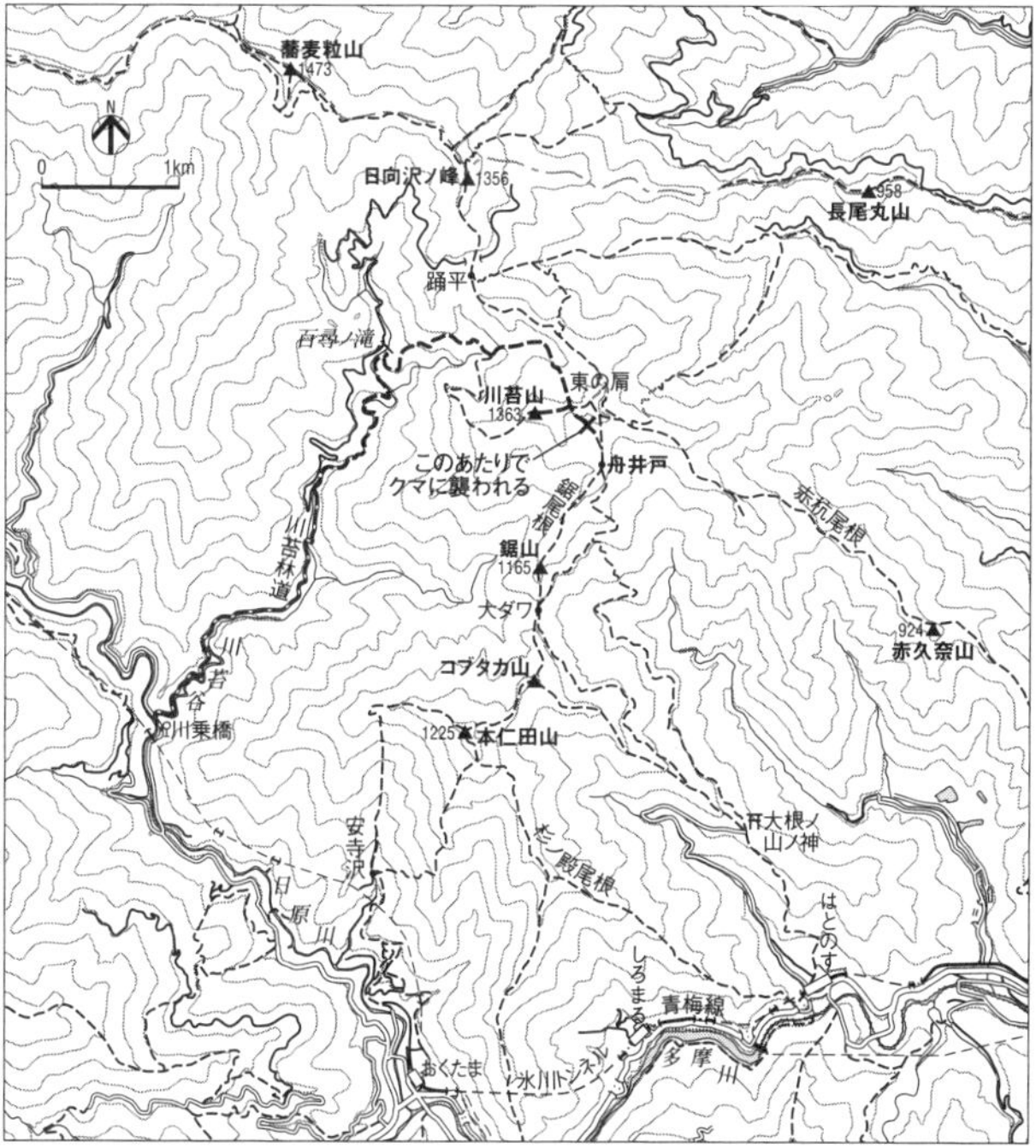

蕎麦粒山
1473
N
0
1km
日向沢ノ峰
1356
958
長尾丸山
踊平
百尋ノ滝
東の肩
川苔山
1363
このあたりで
クマに襲われる
舟井戸
鋸尾根
赤杭尾根
鋸山
1165
大ダワ
924
赤久奈山
コブタカ山
1225
本仁田山
川苔林道
川乗橋
安寺沢
杉ノ殿尾根
大根ノ山ノ神
日原川
はとのす
しろまる
青梅線
多摩川
おくたま
氷川トンネル

「ウー」という唸り声が聞こえてきた。犬の唸り声に比べるとかなり低い。瞬間的になにか嫌な予感がした。明らかに犬の唸り声ではなかったが、頭では「犬だったらいいな」と思っていた。

「人間の脳が勝手に引き起こした願望です。自分のなかで現実を直視できなかったんでしょう」

その方向を見ると、三メートルほど先の藪の中に腰ぐらいの高さの真っ黒い塊があった。反射的に「クマだ」と思った。その後二、三秒の間にいろいろな思いが頭の中を駆け巡った。

「マジか。これはほんとに現実なのか」

「この俺に向かってくるの？　いや、俺の番じゃないでしょ」

「これは俺の人生のなかに組み込まれていないことじゃないの」

その間にクマは藪の中から登山道上に飛び出してきて、行く手を塞ぐような形になった。その距離約一メートル。歯を剥き出しにした、ものすごい形相をしていた。

一瞬、逃げようとも思ったが、足が動かなかった。

「わ、ヤバい。どうしよう。これって死ぬパターンだよなあ」

天気に恵まれた休日の川苔山山頂は、多くの登山者でにぎわっていた

「クマは坂道に強いっていうから、走っても逃げられないだろうな。そもそも背中を向けるなんて論外だし」

「いっそ強気に出てみようか。でも、強気に出て刺激すると反撃されるかな」

「それともなだめてみるか。でも、下手になだめようとしたら、『こいつ、弱いな』と思われて、めためたにやられちゃうかも」

「本には『クマに遭遇したら静かにあとずさる』って書いてあったけど、目の前一メートルのところに飛び出してきたときの対処法はどの本にも書かれてなかったよなあ」

「結局のところ、クマの気持ちなんてわかるわけがない」

わずか数秒の間に、いろいろな思いが次から次へと浮かんでは消えていった。そして松井が次に取った行動は、右手に持っていたストックを振りかぶって、クマの顔の左側を横から叩くことだった。

「今考えると、クマと対峙しているストレスに耐えきれなくなったんだと思います。もちろんそれで撃退できるとは思っていませんでしたが、ちょっとでも嫌がって逃げてくれればいいなと。それに、なにも抵抗しないままやられるのも嫌でしたし」

だが、手に伝わってきたのは頑丈な肉厚の物体を軽く叩いたような感触で、当然のことながらまったく効いていなかった。

「叩くまではずっとクマと目を合わせていました。でも、叩くときに、つい目を逸らして叩くところを見てしまいました。それでスイッチが入っちゃったみたいです」

次の瞬間、クマは四つん這いの状態から立ち上がり、大きな口を開け、歯を剥き出しにして襲いかかってきた。ツキノワグマなのでそれほど大きくはないはずなのだが、背丈は自分と同じぐらいに見えた。そのときに思わず目をつぶってしまい、そこから先の映像的な記憶はほとんどない。

周囲の登山者に助けられて

まず最初の一撃で、眉間を爪でえぐられた。とっさに左手でガードしようとしたときに次の一撃が来て左胸をやられた。間髪を入れずにクマがのしかかってきたので、仰向けの状態だとヤバいと思い、うつ伏せになりながら倒れ込んだ。クマはその上から覆い被さってきて、ザックをつかんで引きずり回そうとした。このままでは殺されると思い、大声で「助けて〜」「助けて〜」と叫んだ。

「ちょっとでも助かる可能性があるなら、やれることはやろうと。でも、叫びながら『助けてくれる人なんていないよなあ』と思っていましたけど」

次にクマがどう攻撃してくるのかと身構えていたが、なにも仕掛けてこない。気がつくと、背中のほうでゴソゴソという音がしなくなっていて、クマの気配もなくなっていた。

「あれ?」と思ったが、怖くてすぐには振り返れなかった。意を決し、恐る恐る振り返ってみたら、すでにクマはいなくなっていた。もしかしたら、「助けて」という大声に驚いて逃げていったのかもしれなかった。

このときに初めて「あー、助かった」と思った。クマと対峙している時間はとても長く感じたが、攻撃されている時間は一瞬だったような気がする。手にしていたストックは、クマともみ合っているときに折れてしまっていた。痛みは感じなかったが、水が湧き出るように眉間からだらだらと血が流れ落ちていて、視界はほとんど閉ざされていた。

「これからどうすればいいのだろう」と思い、なぜか最初にポケットから携帯電話を取り出してどこかに連絡しようとした。しかし、最優先すべきはそのことではな

川苔山の東の肩。この直下でクマに襲われた

いと思い、「とにかく止血をしなければ」と、登山者がたくさんいた東の肩のほうへ行って助けを求めることにした。気がつくと帽子とサングラスもなくなっていて、一瞬探そうかなとも思ったが、「いや、そんなことをしている場合じゃない」と思い直した。それにクマがまだ近くにいる可能性もあることを考えると、一刻も早くその場を離れたかった。

よろよろと登山道を上がっていくと、ふたり連れの登山者が下りてきたので、「クマが出てきたので、すぐには行かないほうがいいですよ」と伝えた。ふたりは血だらけの姿を見てギョッとしていたが、だらだらと流れ落ちる血が髪の毛に絡みついている凄まじい形相を見れば、誰だって例外なく驚くはずだった。

どうにかたどり着いた東の肩では、通りかかった何人かの登山者がびっくりしながらも「どうしたんですか」と声をかけてくれた。広場にあったベンチに腰を下ろして事の次第を説明すると、登山者のひとりが「これで傷を洗ったほうがいい」と言って水筒を差し出してくれたので、その水で血を洗い流した。洗い流しながら指で触れてみた傷口は、大きくぱっくりと裂けていて、「この傷を自分の目で見たらたぶん卒倒するな」と思った。洗浄後は傷口をガーゼで覆い、さらにタオルで止血をしてもらった。

タオルで目の当たりを抑えていたので、周囲は全然見えなかったが、少なくとも十人以上の登山者がいたようだった。そのなかからは、携帯電話で警察や消防に連絡をとってくれているらしい男性登山者の声も聞こえてきた。「いや、そちらにはさっき電話しました」などと言っていたので、休日ということもあって、電話をたらい回しにされていたのかもしれなかった。

「ありがたいと思いながら、みんなを足止めさせてしまっているなという申し訳ない気持ちもどこかにありました。いろいろ助けてくれたのは山慣れていそうな人たちで、あまり登山の経験がなさそうな若い女性のグループなんかは遠巻きに見ているような感じでしたね。クマが怖いから下りたくなかったのでしょう。でも、そのあとも楽しげに登ってくる登山者がいましたし、自分が下山しようとした方向から登ってきた人たちも三組ぐらいいたようです。クマはもうどこかに行ってしまったのかもしれませんね」

ちょっとイラっとしたのは、ほかの登山者が傷の応急手当てをしてくれている横から、「クマなんていうのは、口を開けたタイミングで殴ればいいんだよ」という男性の声が聞こえてきたときだ。だが、最後にはその男性も「でもやっぱり怖いから、みんなといっしょに下山しようかな」と言っていたので、ただ強がっていただけなのだろう。

救助を待つうちに、出血が多かったせいかひどく寒くなってきたため、そばにいた人に頼んでザックの中からジャケットを出してもらってそれを着た。寒さで足も攣《つ》ってしまったので、ベンチから下りて土の上にじかに座り直した。

周囲にいた人たちはほとんどその場にとどまってくれていたようで、「大丈夫だから」「もうすぐ救助が来るから」などと励ましてくれていた。ただそのときは憔悴しきっていて、「ありがとうございます」と言うのが精一杯だった。

クマの襲撃を受けてからおよそ一時間後、遠くのほうからヘリの音が聞こえてきた。まわりの人たちが「あ、来たよ」「あれじゃない?」と口々に言ったので、「やっと来てくれたか」と思った。それとほぼ同時に、下から警察と消防の救助隊員が上がってきた。警察官が消防隊員に「どれぐらい時間がありますか」と尋ねていたので、消防防災のヘリだったのだろう。

ピックアップされる前に、警察官から簡単な事情聴取を受けた。その際に、まだ気が動転していたせいか「クマに噛まれた」と述べて、それが新聞報道で流れたが、実際には噛まれておらず、受傷はほとんど爪によるものだった。

やがてヘリがホバリングの態勢に入り、ストレッチャーに乗せられて吊り上げられた。機内に引きずり入れられるときに左肩に強い痛みが走り、のちの診察で左鎖骨が折れていることが判明した。救助ヘリの上にはもう一機、報道のヘリが飛んでいて、救助活動の様子がこの日の夜のニュースで流された。事故発生からわずか一時間余り、どこからマスコミに情報が伝わったのか、不思議でならなかった。

搬送されたのは立川の病院で、すぐにCTスキャンやレントゲンを撮影し、傷を洗浄したのち縫合手術を受けた。傷は目の周囲と鼻、左胸と左腕、それに頭部にも一撃を受けていた。とくに目の周囲を縫うときは何本も痛み止めの注射を打ったのにあまり効果がなく、死ぬかと思うほど痛かった。

「正直、クマにやられているときよりも痛かったです」

頭部の傷はホチキスのようなものでパチンパチンと閉じられ、縫合は計四十針ほどに及んだ。医者からは「眼球は大丈夫だけど、右目の筋肉が切れているかもしれない」と言われ、最悪、失明も覚悟し、「そうなってもしょうがないな」と思った。

報せを受けた両親は、その日のうちに病院に駆けつけてきた。重傷を負った息子を心配する両親の沈痛な様子を思い、「申し訳ない」という気持ちでいっぱいになった。

救急病棟に入院して二日後、両目を覆っていたガーゼが取れて、一般病棟に移った。ようやく目を開けられるようになって景色が見えたとき、「ああ、大丈夫だった」と深く安堵した。

実はこの山行にはあまり山慣れていない友達をひとり誘うつもりだったが、結局はひとりで行くことになった。もし同行していた友達がクマに襲われて大ケガでもするようなことになっていたら、彼の両親に顔向けできなかっただろうなと考えると、ひとりで行ってよかったのかなあとも思う。

集中治療室に入っている間、その友達からはたくさんのＬＩＮＥが入っていた。松井がクマに襲われた前日には、御嶽山が噴火して多くの登山者が命を落としていた。友達は松井が山に行こうとしていたことを知っていたので、もしかしたら御嶽山に行ったのではないかと思って連絡を入れてきたのだが、まったく返信がなかったのでひどく心配していたらしい。一般病棟に移ってやっと連絡がついたときに、彼は言った。

「ずっと連絡していたのに、いったいどうしてたんだよ」

「実はクマに襲われて入院しているんだ」

「お前、マジつまんねーな。そういう冗談はいいから。御嶽山に行ったんじゃないかと思って、こっちは本気で心配していたんだぞ」

「いやいや、そう言われても。ほんとのことだし」

その後、何度か入退院を繰り返し、手術も二回行なった。一度目は粉砕骨折した鼻にチタンを入れ、二度目は切断された目と目の間の筋肉を糸で繋げた。ただ、潰れてしまった涙管はもとにはもどらなかった。ふつうだったら鼻のほうに流れていく涙が流れていかず、わずかな刺激を受けただけで目から溢れ出てきてしまうという。唯一残った後遺症がそれだった。

登山者はクマに遭遇する覚悟を

あの日のさまざまなシーンは、ことあるごとに思い起こされた。たとえば登山届を提出した奥多摩駅には「クマに注意」と書かれた看板があった。それを見て「あ、クマがいるんだな」と思ったが、山に入ったら登山者がたくさんいたので、警戒心が薄れていた。気の緩みもあったのだろう、クマ避けの鈴も持っていたのだが、付けずにザックの中にしまい込んでいた。

あるいは山頂をあとにしたのがなぜあのタイミングだったのか。どうしておにぎりをもうひとつ食べなかったのか。東の肩で、中年男性が吹いていた「コンドルは飛んでいく」の笛の音になぜ耳を傾けなかったのか。

事故現場となった場所は、登山道の両脇が深い藪になっていた。そこをかなりのスピードで通り過ぎようとしていた。もしかしたら、クマはもっと早い段階で唸り声を上げていたのかもしれない。それに気づかず、接近しすぎてしまったのではないだろうか。

ただひとつ、不幸中の幸いだったと思うのは、サングラスをしていたことだ。クマは明らかにこちらの目を狙ってきた。その一撃が、最初にサングラスに当たったことで守られたようにも思う。もしサングラスをしていなかったら、どちらかの目を失っていたかもしれない。

「でも、クマに対してはとくに恨みもありません。起きたことは仕方ないし、クマも驚いたから襲いかかってきたんでしょうし。僕のほうがクマの生活領域のなかに入り込んでいってやられたので、駆除をする必要はないのかなあと思います。クマが人間の生活域に出てきたら駆除するしかありませんが、わざわざ山奥まで入っていって駆除しなくてもいいと思います」

松井が登山を始めたのは、事故に遭う五年ほど前、二十代の終わりごろからだが、それほど熱心に山に登ってきたわけではない。頻度は年に一、二回で、これまでに登ったのは富士山や北岳、日光白根山など。今後は北アルプスなどにも足を延ばしてみたいと思っていた矢先の事故だった。

この事故のあとは一度も山に行っておらず、山に登ろうという気持ちはもう起きないという。

「今はちょっと薄れてきましたが、山に入るとまたクマが出てくるんじゃないかというような感覚があります。登山は、日常をちょっと離れた非現実感を味わえるのも魅力ですが、このような非現実もあるわけです。そこまでは認識しきれていませんでした。そもそも山に登るのは、そのこと自体がリスクだと思うんです。いくら安全に登ろうと思っても、なにがしかのリスクは必ずありますから。それを考えたときに、山でのリスクを背負い込むのはやめようと思いました。両親にもこれ以上迷惑はかけたくありませんし。その気持ちのほうが大きかったかもしれませんね。自分の経験はレアケースだと思いますが、宝くじの一等に当たるよりは、クマに遭遇する確率のほうがぜんぜん高いらしいですね。だからクマに襲われたくない人は、山に登らないほうがいいでしょう。山に登るということは、結局はクマの生息域に入り込んでいくことなので、覚悟のない人は行かないほうがいいと思います」

余談だが、この取材の依頼をしたときに、松井は受けるか断るか迷ったそうだ。最終的に応じることにしたのは、クマに襲われたあと、多くの人に助けてもらったことがあったからだという。

「僕の体験が、ほかの登山者のなにかしらの役に立つんだったらと思いまして。それに、ヘリでピックアップされたときに、その場でいろいろ助けていただいた方にちゃんとお礼を言えなかったので、この場を借りてお礼をしたかったんです」

そのことを最後に付け加えておく。

子連れグマ襲撃事故　滋賀・高島トレイル

敗退したトレイル踏破に再チャレンジ

福井県と滋賀県の県境、若狭湾と琵琶湖に挟まれた中央分水嶺には、標高一〇〇〇メートルの低山がうねうねと連なっている。この長大な尾根の、北は愛発越《あらちごえ》から南は三国岳までの全長約八〇キロにおよぶ縦走路が高島トレイルだ。このトレイルは、町村合併を機に地元の有志が古の山道をこつこつと整備してつなぎ合わせたもので、その道々には鯖街道をはじめとする歴史的な若狭越の峠道が十本以上もあるという。

西村幸雄（仮名・五十一歳）が単独で高島トレイルの踏破に初めてチャレンジしたのは、二〇一四（平成二十六）年四月二十四日のことである。トレイルの全行程を歩き通すには、足の速い人なら二泊ほどで抜けてしまうが、通常だったら三泊四日、もしくは四泊五日はかかる。道はトレイルコースとして整備されているとはいえ、人があまり入らない区間は道が不明瞭になっていたり藪に覆われたりしているところもあり、場所によってはルートミスをおかしやすいという。途中に山小屋はひとつもなく、幕営装備一式を自分で担いでいかなければならない。水場はところどころにあるが、沢水なので補給できるかどうかはあまり期待できず、余裕を持った量を携行する必要があるぶん、ザックの重さもかさんでくる。

それでも「消防隊員という仕事柄、体力にはある程度自信があった」と西村は言う。管轄内で山岳遭難事故が発生すると捜索・救助に出動し、実際に西村自身が遭難者を救助したこともあった。

登山は中学生のときにワンゲル部に所属して始めたが、その後長いブランクがあり、二〇一一（平成二十三）年ごろから再開した。登るときはたいていひとりだが、たまに子どもを連れていくこともある。北摂の山をホームグランドとして比良山、伊吹山、京都や湖西の山などに月五、六回のペースで登り、ときには長距離トレやボッカトレなども行なう。

「登山がトレーニング代わりです。体力は仕事に直結するので、なんぼやっていても邪魔にはなりません」

そんな西村にとって、高島トレイルは一度は踏破しておきたいコースだった。

初日の二十四日は愛発越から入山し、黒河峠、赤坂山、大谷山を経て抜土で幕営

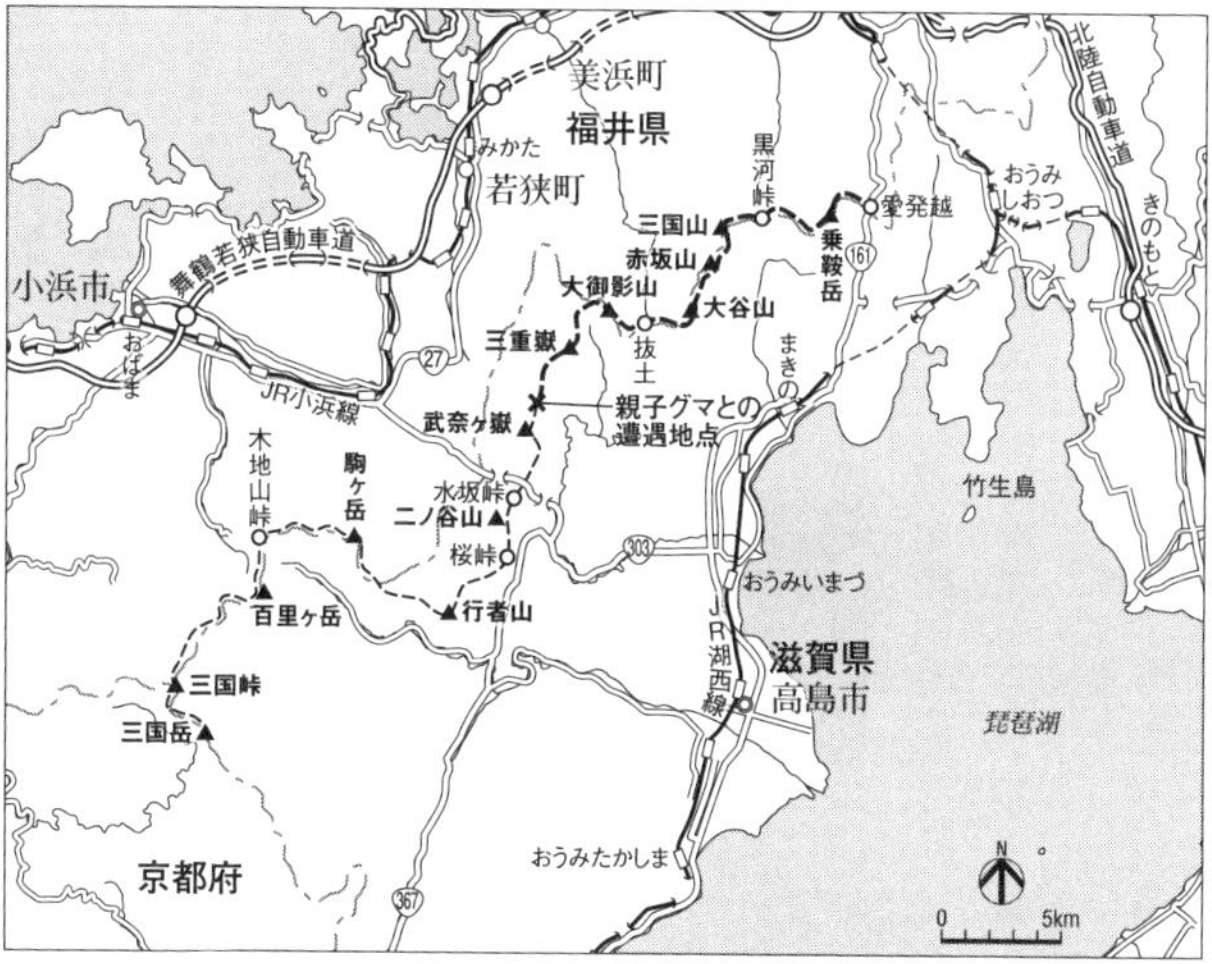
美浜町
福井県
みかた
若狭町
黒河峠
愛発越
おうみしおつ
北陸自動車道
きのもと
三国山
赤坂山
乗鞍岳
161
小浜市
舞鶴若狭自動車道
大御影山
大谷山
抜土
三重嶽
まきの
おばま
27
JR小浜線
武奈ヶ嶽
親子グマとの遭遇地点
木地山峠
駒ヶ岳
水坂峠
二ノ谷山
桜峠
竹生島
303
おうみいまづ
百里ヶ岳
行者山
JR湖西線
滋賀県
高島市
三国峠
三国岳
琵琶湖
おうみたかしま
京都府
367
N
0
5km

した。二日目の行程は、大御影山、大日尾根分岐、三重嶽、武奈ヶ嶽と縦走して水坂峠まで。ところが、大御影山から先のルートが不明瞭でルート・ファインディングに時間をとられたうえ、三重嶽の先では残雪のためルートミスをしてしまった。すぐにミスに気づいてことなきを得たが、さらにタイムロスを重ねることになった。おまけに暑さのためか前日から体調も優れず、二日目も水ばかり飲んでシャリバテのような状態になっていた。

結局、この日は水坂峠まで行くことを諦め、武奈ヶ嶽北尾根（ワサ谷分岐）でビバーク。翌朝になっても体調があまり回復していなかったため、トレイル完歩を断念し、水坂峠に下山してリタイアとなった。

この三日間で歩いたのは、全トレイルのおよそ半分だった。そこでとりあえずゴールまでは繋げることにして、残りの行程を三回に分けて同年六月上旬までに歩き通した。これでいちおうトレイルの全行程を踏破したことにはなったが、目標はやはりスタートからゴールまでを一回の山行で完歩することであり、それを翌年の課題とした。

ただ、再挑戦するにあたって、体調不良を引き起こしていた前回二日目の区間（大谷山～大御影山～大日尾根分岐～三重嶽～武奈ヶ嶽～水坂峠）だけは事前にもう一度歩いてみたかった。高島トレイルは全般的に標高が低く、どちらかというと里山を巡るロングトレイルというイメージが強いが、この区間だけは山深く、トレイルの核心部となっていた。そこを通常の体調のときに歩いたらどれぐらい時間がかかるのか、また残雪など登山道の状況はどうなっているのかを知りたくて、再挑戦約一ヶ月前の二〇一五（平成二十七）年五月、ルートの下見を兼ねてこの区間だけを一泊二日で歩くことにした。

五月二十日の朝、車で自宅を出発した西村は、JR湖西線マキノ駅前の無料駐車場に車を停め、市内を周回しているコミュニティバスに乗ってマキノピックランドバス停で下車。八時四十分より登山を開始した。

六〇リットルのザックには、基本的な登山装備に加え、テント、シュラフ、マット、ストーブ、コッヘルなどテント泊の装備、食料三日分、そして水六リットル（途中給水分を含む）を入れた。トレーニングも兼ねてわざと重くしたので、重量は二〇キロほどになった。

この日は三重嶽まで行って山頂あたりで幕営し、翌日、水坂峠に下山する計画だった。この時期、コース周辺はいろいろな種類の花々で彩られる。来月の本番に備えての山行ではあったが、そうした花々を鑑賞するのも目的のひとつだった。

前回とは違って体調はよく、ペースも上々だった。今日一日がんばれば、明日は半日で水坂峠に下りられる。問題はなにもないかのように思われた。

尾根上で子連れグマに遭遇

天気は昼過ぎごろまではよかったが、その後、近江坂に差し掛かったあたりでガスと強い風が出てきた。北風だったので、大御影山から大日尾根をたどっているときは向かい風となった。道が方向を転じる大日尾根分岐からは追い風となり、しばらくするとガスは晴れてきた。

幕営予定地の三重嶽まであとひとふんばりの九四三メートルピークに来るまで、登山者にはひとりも出会わなかった。だが、ピークを下りはじめてすぐの午後四時過ぎ、この日初めての他者との出会いがあった。それが二頭のクマだった。

二頭は東側の谷から上がってきて、尾根を越えて西側へ向かおうとしていたようだ。一頭は小さかったので、母と子の親子グマだと思われた。二頭との距離は一〇

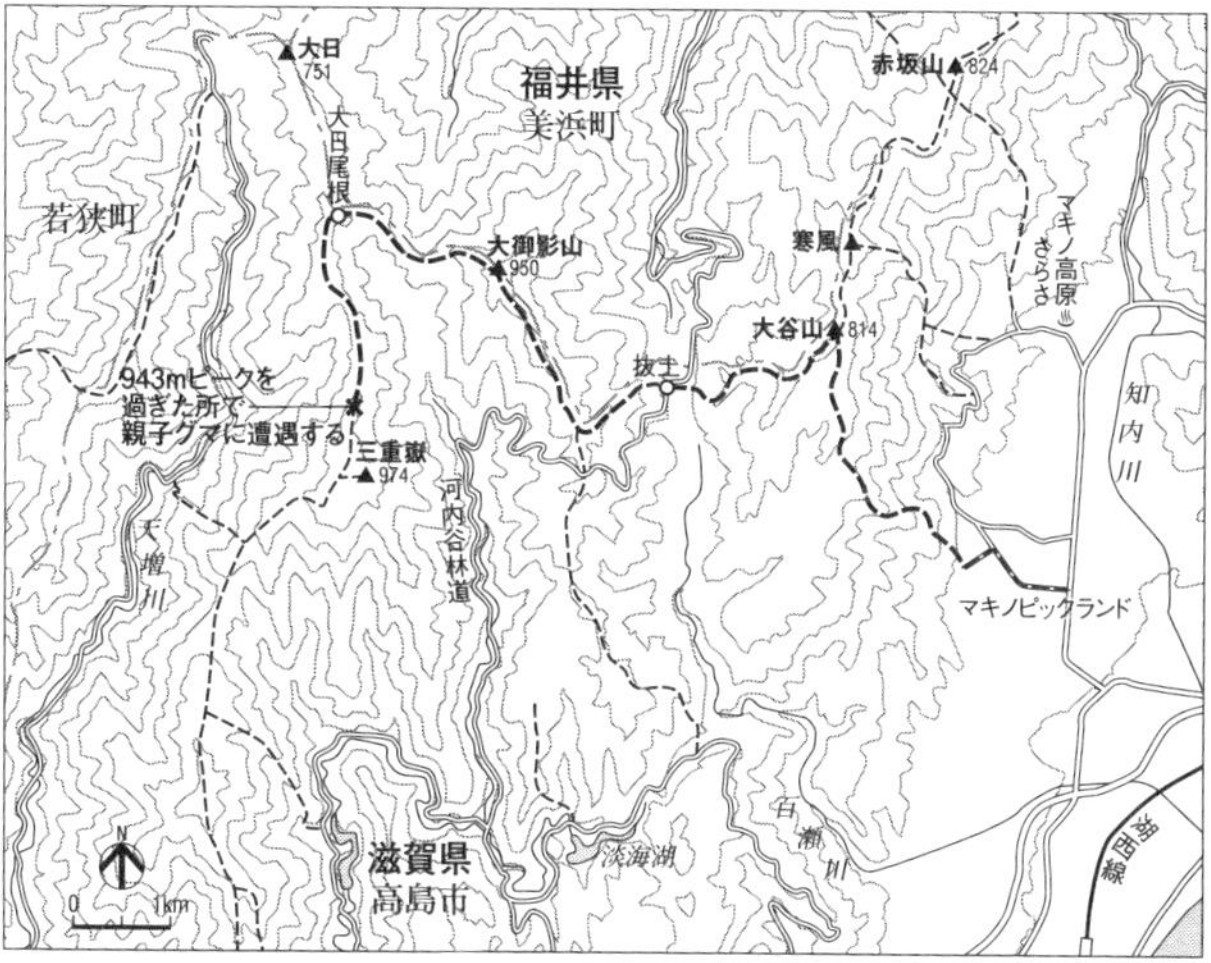
大日
751
福井県
美浜町
赤坂山
824
大日尾根
若狭町
大御影山
950
寒風
マキノ高原
さらさ
大谷山
814
943mピークを
過ぎた所で
親子グマに遭遇する
抜土
知内川
三重嶽
974
河内谷林道
天増川
マキノピックランド
白瀬川
淡海湖
滋賀県
高島市
湖西線
N
0
1km

メートルほど。周囲は樹林がまばらで、わりと見通しもきくところだった。そこでばったりと子連れのクマに出喰わしてしまったのである。

目が合った瞬間、親グマがこちらに向かってきた。かなり早いスピードだった。反射的に、両手に持っていたストックを振り回していた。クマが怯《ひる》んで逃げてくれればと思ったのだが、効果はまったくなかった。

クマは最初に左膝を噛もうとしてきたが、間一髪かわすと、ならばと左腕に噛み付いてきた。左腕を噛まれながら押し倒され、右側から体の半分にのしかかられた。目の前三〇センチほどのところにクマの顔があった。

次にクマは右の首筋を狙って噛み付いてきたので、右腕でガードをした。一度目、二度目はガブン、ガブンと噛み付かれ、三度目、四度目は噛み付いたまま体をローリングさせたので、右腕の傷は裂傷となった。痛みをさほど感じなかったのは、アドレナリンが思い切り出ていたからだろう。

四度目に噛まれながらも右腕でガードし続けていると、クマが横のほうへ移動したので「これで立ち去ってくれるのかなあ」と思ったら、今度は右の側頭部から後頭部のあたりを狙ってきた。幸いだったのは、テント泊の装備を入れてパンパンに

大御影山を過ぎ、ガスと強風のなかを先に進んだ

膨らんだ六〇リットルの大きなザックを背負っていたため、牙が首まで届かなかったことだ。

この攻撃を最後に、クマは西村から離れ、子グマといっしょに稜線の西側に去っていった。

攻撃されていた時間は、せいぜい一分経つか経たないかだったという。

「ああ、助かったわあ」

クマが立ち去っていったあと、心底そう思った。まずは起き上がってみて、動けるかどうかを確認した。動けないほどのダメージは負っていなかったが、着ていたジャケットはビリビリに裂かれ、何度も噛まれた右腕は痺れていて動かすことができず、血がポタポタとしたたり落ちていた。袖をめくってみると、えぐれたような肉が見えていた。

仕事柄、救急法の講習会などで応急手当ての方法を教えているし、ファーストエイドキットも持っていたが、片手だけではできる応急手当ても限られる。幸い血管が切れているわけではなく、止血処置をするほどの出血ではなかったので、首にかけていたタオルを右手の負傷箇所に巻いて、左手と口を使って縛りつけた。

右側頭部の傷は皮膚がめくれたようになっていて出血もしていたが、手当てのしようがなく、傷を押さえるように帽子を深めに被った。最初に噛まれた左腕には穴状の傷があったものの、出血は大したことがなかったので、とくに処置はしなかった。ほかにも爪が食い込んだのだろう、じわっと出血している、針で刺したような傷が点々と数ヶ所にあった。

応急手当てが終わり、次に考えたのは「さて、どうしようか」ということだった。自分では自力で歩けると思ったが、クマが出没したことを警察に知らせておいたほうがいいと思い、とりあえず携帯電話で一一〇番通報すると、すんなり繋がってくれた（携帯のキャリアはNTTドコモで、そのあたりからはドコモだったらだいたい通じるという話をあとから聞いた）。他県の福井に繋がったらちょっと面倒臭いなと思っていたが、うまい具合に地元の滋賀のほうに通じてくれた。

応対した警察官に事の次第を報告したあと、「ケガとかしていませんか？」と聞かれたので、「腕などを噛まれて出血しています。けど歩けるんやけどね。どうしたもんでしょうかね」と答えた。

「じゃあ救助を要請しますか？」と尋ねられ、そこでしばし考えた。

その場から自力下山するには、南東側の河内谷林道に下りるのが最短である。人家のある里までは二、三時間といったところだろうか。

この先、自力で行動を続けたときに、傷や体調が悪くなることはあっても、よくなることはないのは明らかだった。まして血の匂いをぷんぷんさせたまま、三重嶽で幕営などはしたくなかった。ただ、「その場を動かないように」という指示があれば、装備も充分そろっているので、言われたとおりにするつもりでいた。

だが、応対した警察官にこのあたりの山の土地勘がなかったらしく、いろいろ説明しても場所がうまく伝わらなかった。こちらは「三重嶽の近くだ」と言っているのに、「三十三間山ですか」などと言われたりして、まったく要領を得ない。今の警察や消防のシステムでは、指令センターに一一〇番や一一九番の通報があれば、だいたいの場所がわかるようになっているはずなのだが、それがうまく作動しなかったようだ。

仕方ないので、携行していたハンディGPSを見て位置座標を伝えると、相手は「消防にも連絡を入れます」と言って、いったん電話を切った。

しばらくすると高島市の消防署から電話がかかってきたので、場所と状況につい

この先の943メートルピーク付近で親子グマと遭遇した

て再度説明すると、「では、陸上から隊員を出すことにしますが、ヘリの出動もいちおう要請してみますね」と言われた。「もしヘリが飛ばなかったら、ルート確認のうえ、自力下山して途中で地上部隊と合流かな」とも考えたが、最終的には航空隊からの「ヘリが飛びます。二十分ぐらいで行けると思います」という回答をもらった。

その言葉どおりに、二十分ほどすると防災ヘリがこちらに向かってやってきた。その二十分間が、西村にはとても長く感じられた。

「ヘリが来てくれることになったので、生きて帰れることは間違いないだろうと思ってましたが、『その間にさっきのクマがまたもどってきたら嫌やなあ』だとか、『どこの病院に放り込まれるんだろう。遠い病院だったら、帰ってくるのが面倒やなあ』などと考えていました」

接近してきたヘリには、持っていたマグライトをチカチカと点滅させて合図を送った。西村も指令センター勤めをしていたことがあり、救助要請があったときには「ヘリが飛んできたら、なにか光るもので合図してくれ」と指示していたので、自分でもそれを実行したのだった。

時刻は午後五時前。じきに西村を発見したヘリは、現場上空でホバリングをしてホイストで西村を吊り上げ、ヘリポートを備えている最寄りの救急病院へと搬送していった。このとき、所持していたストックは抵抗したときに曲がってしまって短く収納できず、ヘリの機内に持ち込めなかったので、仕方なく現場に置いてきた。

クマとの付き合い方に正解はない

病院では縫合手術を受け、感染症予防処置を施されて一日入院した。傷の程度は両前腕・後頭部の咬傷《こうしょう》・切創・裂創《れっそう》、それに両下腿部挫傷および擦過傷で、計五十針ほど縫った。

翌日は病院を退院したのち、若干ハンドルが握りにくかったものの、マキノ駅前に停めてあった車をピックアップして自分で運転して帰った。その後、十日ほど休んでから仕事に復帰した。

今も右腕前腕部数ヶ所に大きな傷跡と、左腕前腕部に噛まれたときの小さな傷跡が残る。いちばんひどかった傷はやはり右腕で、完治するまで一ヶ月ほどかかった。筋肉までえぐられていたので、まだ若干腕に力が入りにくく、握力も落ちているという。

西村がクマに襲われた一週間後には、三重県いなべ市で檻に捕獲されたクマを県の職員が滋賀県多賀町の山中に放獣したことが明らかになり、大きな問題となった。その影響もあって西村の事故のニュースはあまり目立たなかったが、一部の新聞では実名で報道されていたので、それを見たまわりの人はみんなびっくりしたようだ。仕事仲間からは、「そんな珍しいことをするのは自分だけやわ」と笑われた。

襲われたクマの大きさは、おそらく体長一メートルぐらいだったと思う。事故後、いろいろな人から「どんなクマだったの?」と聞かれるので、「真っ黒けのラブラドール犬の横幅を二・五倍ぐらいにしたサイズ」と答えていた。

襲撃されたときを振り返って、西村はこう言う。

「クマの爪は鋭く尖っていて、ちょっと突かれただけでも皮膚に穴が空いて血が出ました。もしあの爪で顔を叩かれていたら、その場で気絶してアウトだったでしょう。でも、爪で攻撃するというより噛み付きにきている感じだったので、この右腕でのガードを緩めたら死ぬなあと思いながら、とにかく顔と首を守らなければと必死でした。あんな山の中だったので、動けなくなるほどのケガを負ってしまったら、見つけてもらうまでに時間がかかるだろうからもうおしまいです。とにかく致命傷だけはもらわんでおこうと。動けさえすればなんとかなるやろから、腕一本ぐらいだったらしょうがないかなあと覚悟はしてました。致命傷を受けなかったのは、ただ運がよかっただけだと思います」

余談だが、このとき両手には仕事で使っているケブラー繊維の手袋をしていたので、手首から先にはケガがなかったという。

襲撃を受けたのちの対処は、みごとなまでに冷静で手際がよかった。それはもちろん仕事が消防隊員だったことが大きい。

「仕事柄、重傷者らも多々見るので、このときも『あーあ、やってもうてるわ』ぐらいにしか思いませんでした。滅多に血を見たことのないような人だったら、血を見ただけでも腰が抜けちゃっていたかもしれません。通報を入れたときも、電話の向こうで相手がどういう対応をしているのか、だいたい察しがついたので、頭のなかで二の手、三の手を考える余裕がありました。ただ、いくら応急手当ての知識と技術があっても、片手では処置のしようがありません。単独行でケガをしたときの応急手当ての方法を考案する必要があることは、強く感じましたね」

山を歩いていてクマの気配を感じたことは過去にもあったが、遭遇したのはこのときが初めてだった。事故に遭ったあたりはこれまでにもクマが出没していたエリアで、そのことは認識していた。しかし、クマは本来、臆病な生き物であり、人間を見たら逃げていくといわれていたので、いきなり向かってくるとは思ってもいなかった。

山ではいつも熊避けの鈴を持っているのだが、このときは「バスに乗るのにうるさいから」と、ザックから外して車の中に置いてきてしまっていた。

「鈴をつけていたとしても、攻撃を避けられたかどうかはわかりません。ただ、鈴を持つのは最低限の対応策。どこの山に行くにしても、次回からは外さんでおこうと思っています」

この一件以来、クマに対する認識は一変した。襲ってきたクマは、確実に自分の急所を狙って攻撃してきた。また、人を襲ってうまく逃げおおせたクマは、「人間は恐れるに足らず」と学習するかもしれない。クマは雑食であって草食ではない。味をしめれば、人間だって餌にする可能性もある。

「だからクマは怖いと思うようになりました。決してかわいいものではありません」

事故後にはクマ避けスプレーを購入し、またいろいろな文献を読んでクマのことを勉強した。しかし、調べれば調べるほど、納得することがある一方で、疑問に思ったり恐ろしくなったりすることも少なくなかった。西村は言う。たぶん正解はないのだろう、と。

登山は二ヶ月ほどしてから再開した。深い森のある山は怖いと感じるようになったので、しばらくは前を見てもうしろを見ても人がいるようなメジャーな山ばかり行っていた。

事故以来、高島トレイルには一度も行っていない。次回あのあたりに行くときは、クマ避けスプレーだけではなくナタも下げていこうかと考えてる。

「やっぱり出喰わさないのがいちばんですが、最悪のことは想定しておくべきでしょう。たしかにこんなことは滅多にないかもしれませんが、それが自分に降りかかってくることだってあるんです。それをつくづく思いました」

ただ、ひとりで山に行くのは、山の自然にどっぷりと浸りたいからにほかならない。なのに、クマに怯えながら歩かなければならないのは本末転倒であり、なんかちょっと違うような気もする。そんなジレンマを抱えながら、西村は今も山に登り続けている。

山菜採りの連続襲撃事故　秋田県鹿角市の山林

それでもやめられないタケノコ採り

ことの始まりは、秋田県鹿角市十和田大湯の山林で、クマに襲われたような傷のある七十九歳の男性が死亡しているのが見つかったことだった。二〇一六（平成二十八）年五月二十一日のことである。

男性は前日の朝、タケノコ（ネマガリダケ）を採るために自宅を車で出発したが、夕方になっても帰宅しないため、家族が警察に通報。二十一日の朝から警察らが捜索を行なったところ、山林に停めてあった男性の車から約一〇〇メートル離れた地点で遺体を発見した。遺体にはクマによる食害が認められたという。

続けて翌二十二日の午前八時前、前日の現場から五〇〇メートルほど離れた山林で、七十七歳の女性が夫（七十八歳）とふたりでタケノコ採りをしていたときにクマと遭遇した。夫と離れた場所でタケノコを採っていた妻は、突然夫が「クマ、クマ」と叫ぶ声が聞こえたため、声のする藪のなかへ入っていったところ、数メートル先にクマの顔が見えたという。夫は棒を持ってクマを牽制しながら、妻に「危ないから逃げろ」と言い、妻はその場から走って逃げ、たまたま山林にいた人に助けを求めた。その後、夫の行方がわからなくなり、同日午後一時過ぎ、警察や消防の捜索によって現場近くで遺体が発見された。遺体にはやはりクマによる食害が認められた。

青森県上北郡おいらせ町に住む袴田孝夫（五十九歳）が、タケノコ採りのために鹿角市十和田大湯田代平の山林に入山したのは、それから四日後の二十六日のことである。

袴田がタケノコを採りはじめたのは十年ほど前からで、毎シーズン仕事が休みのときを見計らっては山に入っていた。最初のうちはタケノコのある場所がわからず、収穫もわずかだった。慣れた人が採ってきたタケノコを買取業者が買い取っていくのを見て、「あんなにたくさんのタケノコがどこに生えているんだろう」と不思議でならなかったという。

しかし、人が採っているのを見ているうちに、生えている場所がわかるようになり、採れる量も徐々に増えていった。採ったタケノコは、主に仕事でお世話になっている人たちに配っている。

　タケノコを採るときは早朝山に入り、早いときには午前中に、遅くても午後二時ごろには引き上げてくる。山には尾根や谷が何本もあるうえ、密なササ藪のなかを登ったり下りたりするので、あまり長時間入っていると、方角がわからなくなって迷ってしまうからだ。

「タケノコ採りって非常に過酷なんです。ササを越えて進もうとすると、足が引っ掛かってどうにもこうにもならないので、ササの上にバサッと倒れ込むようにして足を抜かなければなりません。でも、それよりも潜ったほうがいい。膝を地面に着いて、匍匐《ほふく》前進みたいにして進んでいくんです。場所によってはかなりの急斜面を登り下りしなければならず、ササをつかみながら腕力だけで登るようなところもあります。根っこが抜けると、ザーッと滑り落ちていってしまうような斜面です。だから、山から出てくるころには、いつも全身汗まみれになっています」

　東日本大震災のあった年、仕事関係の資材が調達できず時間が空いたので、シーズン中に飛び飛びで八日ほどタケノコを採りにいったときには、一ヶ月かからないで体重が八キロ落ちた。友人や知人に「連れていってくれ」と頼まれて連れていっ

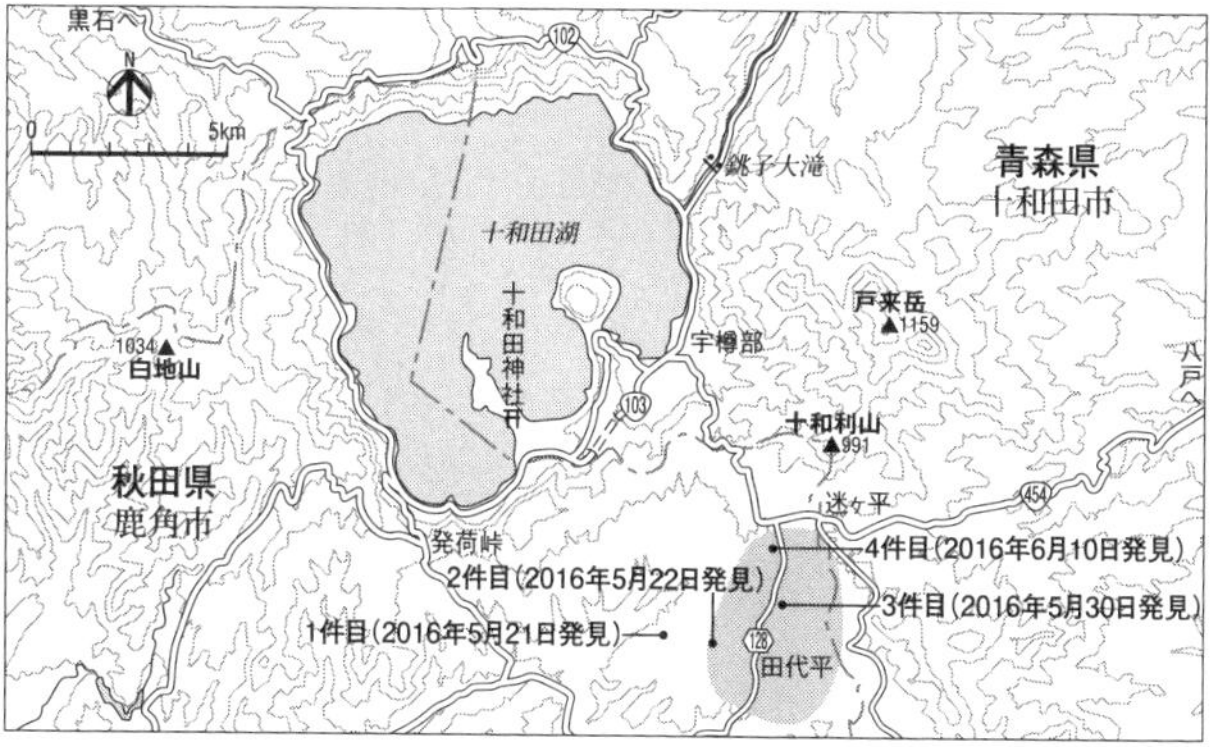
黒石へ
N
0
5km
102
銚子大滝
青森県
十和田市
十和田湖
十和田神社
戸来岳
1159
1034
白地山
宇樽部
八戸へ
103
十和利山
991
秋田県
鹿角市
迷ヶ平
454
発荷峠
4件目（2016年6月10日発見）
2件目（2016年5月22日発見）
3件目（2016年5月30日発見）
1件目（2016年5月21日発見）
128
田代平

ても、「次回もまた行きたい」と言う人は十人中ひとりかふたりぐらいしかいない。たった一日で体重が八キロ落ちた友人もおり、「タケノコ採りがこんなに大変だとは思わなかった」とげんなりしていた。彼はササ藪をこいでいるうちに薄手の合羽がビリビリに破け、山から出てくるころには袖と裾がなくなっていたので、冗談で「おいおい、お前、クマにやられたのか」と言って笑ったものだった。

「それぐらい過酷なんだけど、私がやっとの思いで谷へ下っていくと、腰の曲がったお婆さんが谷底をちょこちょこ歩いていたりするのでびっくりします。『え？ このお婆さん、どこからどう下りてきたんだろう』って。とてもお婆さんが下りられるようなところじゃないんですよ。たぶん、そのあたりの山をよく知っている地元の人で、容易に下りられる場所を知っているんでしょうね」

至近距離でクマとにらめっこ

二十六日に入山した田代平は、袴田が近年通い続けているエリアだった。先に起きた二件の事故のことは、テレビのニュースを見て知っていた。ヘリコプターから映された映像を見ながら、「ああ、あそこだな」と思っていたが、その現場から田代

ヤブのなかから周囲をうかがうクマ（以後、鹿角のクマとは関係ありません）

平は北東に約三キロほど離れており、クマの目撃・遭遇情報も聞いていなかった。もちろん、袴田自身もそれまでにクマに遭遇したことは一度もなかった。

ただ、前の週に下見を兼ねて田代平に来たときには、それまでにない強烈な獣臭がしていた。「違う場所に来ちゃったのかなあ」とも思ったが、見覚えのある特徴的なブナの木があったので、場所は間違えていなかった。「キツネやタヌキだったらこんなに臭わないよな。でも、まさかなあ」という思いが一瞬頭をよぎったが、あまり深くは考えなかった。

「タケノコを採っている人たちは、山にクマがいるのは当然だと思っています。それでも山に入るのは、誰もがまさか自分がクマに遭遇するとは思ってもいませんからね」

二十六日、袴田はいつものように草ぼうぼうの未舗装道を入っていき、畑の奥の雑草地に車を停めようとした。そこには顔見知りの六十五歳男性の車が先に停まっていたので、「おっ、今日は早いな。こりゃあ先を越されちゃったな」と思った。

その近くには、パトカーも二台停まっていた。「また行方不明者が出たのかな」と訝《いぶか》しく思いながら、しばらくあたりを行ったり来たりしているうちに、一台のパトカーはどこかに行ってしまった。しかし、もう一台は動かなかったので、その場所から山に入ろうとすれば止められるだろうなと思い、仕方なく一〇〇メートルほど離れた場所から入ることにした。

身支度を整えて歩きはじめたのが午前七時ごろ。前の週ほどではなかったが、あたりにはやはり獣臭が漂っていたので、いちおう用心のために持ってきていた爆竹とロケット花火を鳴らしながら入山した。

平地のタケ藪を一〇メートルほど進み、谷へと下りていく。タケノコは、上から見るより下から見たほうが見つけやすいので、まずは谷底まで下りきったあと、登り返しながら採るのが定石だ。

入山しておよそ十分後、ササ藪のなかを這いずるようにして下りていき、斜面の中腹あたりまで来たときだった。上のほうでガサガサと音がしたので、同業者がいるのかなと思って音のするほうを見ていたら、ササの間から黒いものが見えた。距離は八～九メートル。「いや、まさかな」と思いながらまじまじと見て確信した。「あっ、クマだ」と。

そのときはまだクマは袴田の存在に気づいていなかったので、「そのまま真っ直ぐ向こうのほうへ行ってくれないかな」と、心の中で手を合わせた。だが、願いも虚しく、クマがぱっと振り向いて、目と目が合ってしまった。次の瞬間、クマはササ藪を掻き分けながら躊躇なくこちらに向かってきて、目の前八〇センチのところまで来て動きを止めた。クマに「襲おう」という意思があったのは明白だった。

袴田はとっさに手前にあるササを倒して、自分のクマとの間にバリケードをつくったが、手を伸ばせば届く距離である。クマは袴田を睨みつけながら、「フゥーッ、フゥーッ」と威嚇してくる。心臓がばくばくどころの話ではない。体の外に心臓があるような感覚だった。

「あ、ここで俺の人生は終わるんだな」

そう覚悟を決めた。

クマと遭遇したときの対処法として、「背中を見せずにゆっくりあとずさりをしろ」というのはよく言われることだが、膝をついた状態で立っているのがやっとの急斜面で、とてもあとずさりなどできるような場所ではなかった。だが、その反面、幸いしたこともあった。クマも二本足で立ち上がることができず、ずっと四つん這いの状態でいなければならなかったからだ。

草むらにじっと潜んでいるクマもいる

クマと対峙したまま、睨み合う時間がしばらく続いた。少しでも距離を開けられないかと思い、一度、うしろを振り向いた瞬間、クマはすかさずガサガサと間隔を詰めてきた。これはヤバいと思って大声を上げると、ちょっとたじろいだのか後退してまた八〇センチぐらいの間隔にもどった。

「これはもううしろを向いてはいけない。目を逸らすのもダメだ」

と思い、再び膠着状態に入った。

クマと睨み合いながら頭に思い浮かんだのは、家族のこと、孫のこと、会社の仲間のこと、仕事のお客さんのことだった。

「生きて帰らなければ、みんなに会うことはできないぞ」

「でも、こいつに勝てるわけはないよなあ。どう考えたって無理だよなあ」

「やっぱり諦めたほうがいいのかなあ」

「でもなあ……」

そんなことを、ずっと考えていたという。

即席のタケ槍でクマを撃退

膠着状態が続いている間に閃《ひらめ》いたことがあった。

いちばん上に着ていたヤッケの胸ポケットにはタバコとライター、携帯電話、それにカッターナイフを入れてあった。クマの目から目を逸らさないようにして、まずはそーっとタバコを取り出し、ライターで火をつけた。それをクマの目の前にポンと放り投げたのだ。

「だけどヤツは瞬きひとつしませんでした」

こりゃあダメだと思い、続いてカッターナイフを取り出した。藪をこぐときに蔓を切るために持っている、厚手の刃のカッターナイフである。いつもはザックのポケットに入れているのだが、屈んだときに落としてしまうことが続いたので、そのときにかぎってヤッケの胸のポケットに入れてあった。

ポケットから取り出したカッターナイフの刃を半分だけ出して、「さあ、どこをやろうか」と考えた。いちばん至近距離にあったのはクマの鼻先だった。腕などを切りつけても効かないだろうから、鼻を狙うことにした。刃を全部出さなかったのは、万が一折れてしまったときに二度目の攻撃ができなくなってしまうからだ。

カッターナイフを握った右手をそーっと前に出して、一気にサッと切りつけた。充分に手が届く距離だったので、「絶対にやれるよな」という自信はあった。

「ところが、クマの機敏さはボクサー以上。当たる寸前でひょいとかわされました。二、三回切りつけたけど、みごとに全部かわされてしまいました。あんまりやると、間合いを見切られて反撃されるなと思い、諦めてまたにらめっこにもどりました」

もしクマが襲いかかってきたら、左腕に噛みつかせて、カッターナイフで腹でも胸でも切りつけられるところを切りつけようと考えていた。ただ、運がよくてもタダですむはずはない。たとえ死を免れることができたとしても、重傷を負うのは間違いないだろうと思っていた。

次に思いついたのは、「ササの槍で攻撃してみてはどうか」ということだった。ササといっても、根元のほうの太さは直径一・五センチぐらいあるので、先を研げばタケ槍になる。ササは周囲に掃いて捨てるほどあった。

睨み合ったまま静かにササを一本つかみ、カッターナイフで根元からスパッと斜めに切った。そのササを手前に持ってきて、さっ、さっと先端を研いで尖らせた。タケ槍を右手に持ち変えると、先ほどと同じようにそーっとクマの近くまで差し出し

クマとは出会わないようにするのがいちばんだ

ていって、目を狙って一気にどんと突き刺した。

「手応えはありました。たぶん右目の下の頬のあたりに刺さったと思います」

いきなり一撃を食らって驚いたクマは、ガサガサとあとずさりしていった。だが、すぐに「フゥーッ、フゥーッ」と威嚇しながら、再びもとの位置までもどってきた。それを見て、思わず声に出してこう言った。

「いっや、おめーもしつこいな」

退散しないクマに、いったんは「ダメか」と落胆したが、「いや、もう一回」と気を取り直した。再度、気持ちを集中させると、握りしめたタケ槍を顔めがけて思い切り突き刺した。二回目は、一回目よりも手応えは鈍かった。しかし、運よく目のすぐ下の柔らかいところに刺さったようだった。

クマは再びガサガサとあとずさりしていき、「またもどってくるのかな」と身構える袴田にくるっとお尻を向けたかと思うと、一目散にその場から逃走しはじめた。

「よっしゃ、やった!」

袴田は心の中で快哉の声を上げながら、逃げていくクマのうしろ姿を見えなくなるまで見送ったのち、急いで斜面を這い上がっていった。

「また追いかけてくるかもしれないので、タケ槍は持ったままでした。うしろを確認しながら必死に逃げたので、滑稽な格好だったと思いますよ。もしビデオに撮っていれば、あとで見て笑えたんじゃないかなあ」

ササ藪から抜け出たときに、ようやく「助かった」と思った。

クマと対峙していた時間がどれぐらいだったのかは、よくわからない。自分では三十分にも一時間にも感じたが、実際は十分か十五分ぐらいだったのではと見ている。その間、一歩たりともその場を動かなかった。クマは一度も攻撃を仕掛けてこず、立ったままずっと睨み合っていた。

「感じていたのは恐怖感だけでした。井上陽水じゃないけど、まさしく『氷の世界』でしたね。成獣よりもひとまわり小さな若いクマだったので、たぶん向こうも人間が怖かったのだと思います。ある程度歳をとったデカいクマだったら、一気に畳み掛けてきただろうから、私もお手上げだったでしょう。だから運がよかったとしか言いようがありません」

自分の車の近くまでもどってくると、朝、パトカーが停まっていたところに何十人もの人が集まっているのが見えた。どうやら近くに車を停めていた顔見知りの男性が行方不明になっているらしく、これから捜索隊が山に入るようだった。

そこへ軽自動車がやってきて自分の車のそばに停車すると、三人のお婆さんが降りてきた。すぐに三人は山に入る身支度を整えはじめたので、袴田は「今から山に入るのか。これはヤバいな」と思い、すぐに止めに入った。

「今、クマと遭遇して、やっと逃げてきたところだから、山には入らないほうがいい」

そう忠告すると、ふたりは「わかった。やめる」と言ったが、ひとりだけが聞き入れようとしなかった。「クマはどっちに行ったんだ」と尋ねてきたので、「あっちのほうに行った」と答えると、「じゃあこっちへ入る」と言う。さすがに袴田も呆れてこう言った。

「あんた、死にたいのか。孫にも会えなくなるんだよ。それでもいいのか」

それでようやく「うーん、じゃあやめようかな」となったので、続いて捜索隊が集まっているほうへ歩いていって、「さっきクマと遭遇したばかりだから、うかつに入っちゃ危ないよ」と告げた。それを聞いて一時的に捜索にストップがかかったが、しばらくすると開始され、捜索隊が山に入っていった。

その後、袴田は家路に就こうしたが、行方不明になっている男性がだいたいいつも自分と同じ場所でタケノコ採りをしていたことを思い出し、引き返していってそのことを報告した。男性がテリトリーとしている場所を詳しく伝えたほうが、早く見つかるのではないかと思ったからだ。

その男性は、知り合いというほどの間柄ではないものの、山で何度か顔を合わせており、話をしたこともあった。「無事で見つかるといいな」と思いながら帰ろうとしたときに、現場に来ていた数人の新聞記者に捕まってしまった。最初はとぼけて逃れようとしたのだが、簡単には引き下がらず、うまく話を聞き出されて写真まで撮られてしまった。

「さすが、彼らもやっぱり商売ですよね。遭遇したクマよりもしつこかったです」

加害グマは一頭か、あるいは複数か

それから三日後の五月二十九日、袴田が襲われたのと同じ田代平の山林で、五十代の息子とふたりでタケノコを採るために入山した七十八歳の女性が、しゃがんでいたところを背後からクマが近づいてきて、臀部を噛まれるという事故が起きた。女性はとっさにクマの頭部を蹴って逃げ、息子が即席の棒を手にして応戦。近くに停めてあった車の中に逃げ込んで事なきを得た。それでもクマはしばらく車のそばにつきまとっていたという。

そしてその翌日には、前日の現場近くで袴田と顔見知りの行方不明の男性が遺体となって発見された。やはり遺体にはクマによる食害が認められた。

さらに六月十日、二日ほど前に山菜採りで入山したとみられる七十四歳の女性の遺体が、前日の現場近くで見つかった。この遺体にもクマによる食害が認められ、同日午後二時ごろ、現場付近で発見されたクマが地元の猟友会によって駆除された。クマは体長一三〇センチほどの雌の成獣で、解剖の結果、胃の中から人間のものと見られる肉片が採取された。ただし、それが女性の遺体と一致するかどうかまではわからなかった。

雌グマが駆除されたことによって、秋田県鹿角市におけるクマによる一連の人身事故は終決したものと思われた。このクマの頭部や鼻には、複数の白い傷が認められた。袴田が遭遇したクマの顔にも、ナイキのマークのような白い傷があったという。だが、駆除された雌グマの写真を確認した袴田は、「傷の数も多いし、顔形も毛の色も違っている。私が襲われたクマではないと思う」と述べている。

また、六月三十日には、十和田大湯大清水にて両親と三人でワラビ採りをしていた五十四歳の男性が、二頭の子グマを連れた雌グマに襲われて負傷するという事故も発生した。この子連れグマは、いまだに駆除されていない。

人間とクマとの共存を目的として活動する日本クマネットワークは、事故後に現地調査を行ない、その結果を報告書にまとめた。これによると、「駆除された雌グマが確実に関与したと考えられる事故は、六月十日に発見された七十四歳女性の事例だけで、この雌グマとは別に大型の個体が事故に関与していた可能性も否定できない」としている。以下はその報告書からの引用である。

〈これらのことから、攻撃、食害共に複数のクマが関与している可能性は否定できない。同様に、射殺されたメスがすべての攻撃と食害に関与したという仮説も否定できない。捕食を目的にした襲撃が複数のクマによるものか、1頭の個体によるものかを明らかにするには、事故直後の現場やご遺体から体毛などの加害グマの遺伝情報を含んだサンプルの採取が必要である。しかし、そのようなサンプルは得られていない〉

至近距離でクマと遭遇して、奇跡的にかすり傷ひとつ負わなかった袴田は、その後も山に入ってタケノコを採っている。

「懲りないヤツなんですね（笑）。クマがいることはわかっていても、みんな『自分は遭遇しないだろう』と思っています。私もそうでした。でも、誰にだって遭遇する可能性はあります。もし私が今度山に入ってクマにやられたら、『バカじゃないのか。そらみたことか』と笑われて終わりでしょう。ただ、山の奥のほうにはもう行かない、というか行けないですね。やっぱり怖いのは怖いですよね」

遭遇前とあとで異なるのは、クマ避けスプレー、発煙筒、ナタ、カッターナイフ、先端を尖らせた鉄パイプといった、それなりの装備を持つようになったことだ。万が一、クマに襲われたときに、なんの抵抗もできずにやられてしまうのは嫌だから、たとえ山菜採りの邪魔になろうが、これらは常に携行するようにしている。

「でも、どんな装備を整えたとしても、遭わないのがいちばんです。もう二度と遭いたくはありません。そもそも私は人間のほうが悪いと思ってます。人間がクマのテリトリーに入っていって、クマも食べるものを採ってきているわけですから。人間がクマの畑に不法侵入して野菜を盗んでいるようなものです。山に遊びにいって、バーベキューをしたあとに残り物を捨ててくるのも人間ですし。味をしめれば、それを手に入れるようとするのは当然でしょう。だから一連の事故は、起こるべくして起こったような気がするんです」

なお、二〇一七年八月二十四日現在、秋田県鹿角市十和田周辺では、前年のようなクマによる襲撃事故は今のところ起きていない。

里山に出没したクマ　奥武蔵・笠山

まさか地元の低山で

埼玉県比企《ひき》郡でアウトドアとフライフィッシングの店「プロショップシライシ」を営む白石健一（六十歳）は、フライフィッシングの第一人者として知られ、なかでも湖のフライフィッシングにおいては日本の草分け的存在であり、フライフィシングやアウトドア関係の著書も多い。現在は店を拠点としてキャスティング・スクールの開催や山菜・キノコ採りガイド、キャンプや川遊びのレクチャーなどをこなしながら、全国各地での講演や執筆活動も行なっている。

その白石の地元・小川町の住民らに対し、埼玉県警が次のような防犯情報を出したのは二〇一六（平成二十八）年十月七日のことである。

「本日午前十時ころ、小川町大字腰越地内の林道で、山菜取りをしていた男性が、出没したクマに襲われる事案が発生しました。なお、男性にケガはありませんでした。山に入る際には、なるべく複数で入り、鈴やラジオなど音が鳴るものを携帯するな

栗山
館
川
笠山神社下社
東秩父村
このあたりで
クマに襲われる
赤木
このあたりに
車を停める
笠山
837
館川ダム
白石車庫
N
小川町
0
500m
七重峠
定峰峠
堂平山
876
ときがわ町

ど、クマ等の獣類から身を守りましょう」

この、クマに襲われた男性というのが、実は白石であった。

白石の地元には標高三〇〇〜一〇〇〇メートルほどの低山が連なる奥武蔵という山域があり、その一角にピークを並べる大霧山、堂平山、笠山は「比企三山」と呼ばれている。この日、白石は店に出る前に山でキノコを探そうと思い立ち、朝、自宅を出て、比企三山のひとつ、笠山に向かった。笠山は白石が小学生のころから親しんでいる山で、秋になるとウラベニホテイシメジやクリタケ、ナラタケ、ヒラタケなどが採れた。

「店を開ける前の一〜二時間ほどキノコを探してみようかという、ほんとうに軽い気持ちだったんです」

と、白石は言う。

栗山方面から林道を遡り、笠山東麓の林道脇に車を停めて山に入っていったのが午前九時ごろのこと。このあたりには地形図に表示されていない登山道が何本かあり、道をたどったり外れたりしながらキノコを探して歩いた。

それは登山道をちょっと外れた山の中腹あたりの斜面を歩いているときだった。周

山麓から見る笠山（右のピーク）。左は笹山

囲は落葉広葉樹の森で、比較的視界はよかったが、お互い相手の存在にはまるで気がつかなかった。

気配を感じ、はっと思い顔を上げると、真っ黒な塊がこちらに向かって走ってくるのが目に入り、瞬間的に「クマだ！」と思った。目前まで来たときに、反射的に顔のあたりに一発蹴りを入れたが、大きなダメージは与えられず、勢いがついたまま飛びつかれて取っ組み合いになった。

「クマは唸り声を上げて牙を剥きながら襲い掛かってきました。重さはたぶん八〇キロぐらい。体長は一・三メートル前後あったと思います。時間的に防御態勢をとるような余裕はまったくなかったですね」

揉み合いながら押し倒されて、左肩周辺を噛まれ、左腕も何ヶ所か引っ掻かれた。クマは左手のほうからのしかかってきたので、攻撃は体の左側に集中した。白石もやられるばかりでなく、クマの顔面に右手で何発かパンチを入れた。そのときに拳が牙に当たって皮膚が数ヶ所裂けた。

「攻撃をかわしながら抵抗するのが精一杯でした。気構えができていて、武器になるようなものをなにか持っていれば、また違った展開になっていたかもしれませんが、所持していたナイフはザックの中なので、取り出している時間はありません。状況的に残された道は、素手で戦う以外ないですよね。頸動脈をやられたら深刻なダメージになるので、必死で顔と首を守りました。なすがままだったら、とんでもないことになっていたでしょう。一歩間違えれば、死んでいたかもしれません。抵抗するのは大事なことだと思いましたね」

襲撃されていた時間は、一分にも満たないように感じられた。クマの体が離れたときに、もう一発蹴りを入れたら、それが合図かのように脱兎のごとく左前方のほうへ逃げていった。

それを見て、白石は思った。「逃げるぐらいなら、最初から襲ってくるな」と。安堵しつつ、体にどれぐらいダメージを受けたのかを確認した。左腕などに多少の出血が見られたが、それほど酷い傷ではなかった。

とりあえず林道に停めた車のところまでもどると、ほかにも数台の車が停まっているのが目に入った。自分と同じようにキノコ採りに入っている人がいるのだろう。あるいは、ちょうど秋の行楽シーズンなので、ハイキングに来ている人だったのかもしれない。

彼らはクマが近くをうろついていることをたぶん知らないだろうから、「誰かに知らせたほうがいいな」と思い、車を運転して林道を下り、いちばん最初にあった人家のところで車を停めて、庭にいたお爺さんに声をかけた。お爺さんは、服がボロボロになった白石を見て驚いたが、「先ほど笠山でクマに襲われたんです」と言うと、しばらく前にも付近でクマを見た人がいるという話を聞かされた。

その後、小川町の警察署にも立ち寄って、ひととおり経緯を報告した。

こうした情報が伝わるのは早い。一時間も経たないうちに猟友会の友人から「クマに襲われたんだって？　大丈夫？」と電話がかかってきた。白石が襲われたことで害獣駆除の許可が下りたそうで、翌日には別の仲間から「これから山に入って仇をとってくるよ」と連絡があった。

傷は自分で消毒しただけで医者には行かなかったが、数日後、地元の医者の友達からも「クマにやられたんだって」と連絡があり、「そりゃまずいよ。破傷風の危険もあるから、医者に診てもらったほうがいい」と言われ、診察を受けた。幸い感染症の心配はなく、「傷はもう治りかけているね」とのことだった。

しばらく町内には「人がクマに襲われる事故があったので、注意してください」

キノコ狩りをする笠山の雑木林。この付近でクマに襲われた

という放送が流れ、ちょっと恥ずかしい思いをした。アウトドア関係の仕事をしているので、あまり他人に知られるのはいささか具合が悪いからだ。

「自分も仕事や趣味でよく山に入るので、クマに関しては日ごろから『こうすれば避けられる』というようなことを偉そうに言っていた手前、なのにその本人がこんなことになってしまい、非常にカッコ悪いですね（笑）」

現場周辺ではその後もクマの目撃情報が何件も寄せられたようだが、駆除されたという話は聞いていない。

この事故以来、寝ているときに無意識的に布団を蹴飛ばし、「あっ」と思って目が覚《さ》めることがたまにあるという。どこかに恐怖感が植え付けられていることは、白石自身も認めている。

クマの駆除は人間のエゴか

白石がクマに遭遇したのは、このときが初めてではない。山に入る機会が多いため、クマの目撃回数は幾度となくある。源流でのイワナ釣りの際、クマザサのなかでザザザザーッと音がしたのでそちらに目をやると、黒い背中が逃げていくのが見えた。群馬県の野反湖で釣りをしていたときには、対岸からこちら側に泳いで渡ってくるクマを見たこともあった。また、木に登ってヤマブドウを食べているクマも数度目撃したことがある。国内だけではなく、アラスカやカナダではグリズリーにも遭っている。

しかしいずれの場合も、ある一定の距離をおいての遭遇だったので、身の危険を感じたことはなかった。しかも、たいていはクマのほうがいち早くこちらの存在に気づいて、その場から離れていった。

だが、このときは「まさかこんなところで」という油断があった。

「いつも無意識的に周囲に気を配っているつもりでしたが、ふだんだったらクマなんてめったにいない地元の山ということで、どこかに気持ちの緩みがあったのかもしれません。あのあたりは、シカとイノシシは多いんですが、クマはほとんどいません。たぶん秩父方面から来たんだと思います。冬眠前だったので、餌を求めて行動範囲が広がっていたんでしょう」

白石には、国内のクマの個体数は増えているように感じられる。「クマが民家に近いところに下りてくるようになったから、目撃される機会も増えたんだ」という人もいるが、昔も今も同じように山に入っている白石からすると、クマに遭遇する確率は明らかに高くなっているという。

「クマには天敵もいませんからね。ニホンオオカミがいれば、また違っているとは思いますが」

ただ、クマは増えているが、餌は不足しているのではないかと白石は指摘する。

「昔の山には自然林があって、しかも薪や堆肥をとるために人が定期的に入っていて整備されていました。でも現代の山は、昔のような落葉広葉樹林ではなく、スギやヒノキの人工林ばかりなので、クマの餌が決定的に不足していると思います。クマの餌が充分に確保できる、そういう環境があればほんとうはベストなんでしょうけどね」

近年、クマによる襲撃事故が各地で聞かれるようになっているのは、その影響もあるように思う。

仕事や趣味で山に入る機会の多い白石にとって、二〇一六年の春に秋田で起きた、クマによる連続食害事件は決して他人事ではない。これまでツキノワグマは、自衛のために人間を襲うことはあっても食害することはないと言われてきたが、その定説が覆されたからだ。

「でも、ツキノワグマはもともと雑食性ですからね。全国的に増えて問題になっているシカが餓死したり事故死したりして、その肉をクマが食べることで肉の味を覚え、肉を食べる習性が少しずつついてきているのかもしれませんね。そうした食性変化は、人にとっては非常に危険ですね」

しかし、たとえそうだとしても、襲われたくなければ、クマの生息域に入り込んでいかなければいい。ただそれだけの話だと、白石は言う。

「クマの生息域に入っていって、襲撃されたからといってクマを駆除するというのは、人間のエゴだと思います。ただし、最近のように頻繁に民家付近まで出没するようだと、それなりの対策が必要になるでしょうね」

白石の場合、仕事や趣味で山に入る機会は多い。これからも、山に入ることを止めるつもりは毛頭ない。が、今まで以上に慎重に行動したいと思っている。

山スキーでクマと遭遇　北アルプス・栂池自然園

シーズンはじめの山スキー

二〇一七（平成二十九）年十一月の北日本日本海側では、低気圧の通過や寒気の流入の影響を受け、例年より早くまとまった雪が降った。

「今年はけっこう降っているね。白馬方面にでも行ってみますか」

鶴巻晃（三十五歳）が友人とそんな話をして家を出たのは十一月二十五日の夜のこと。ふたりで運転を交代しながら夜通し車を走らせ、翌日八時前に栂池高原スキー場に着いた。ゆっくり準備をすませたのち、ゴンドラとリフトでゲレンデトップに上がり、スキーにシールを付けて九時半ごろから行動を開始した。シーズン初めにしてはスキーヤーの数もそこそこいて、栂池自然園方面にも先行者のトレースがついていた。

ところどころショートカットしながらほぼ林道沿いに登っていき、十一時前にはロープウェイの山頂駅近くに到着した。天気は、朝方はよかったが、歩いている途

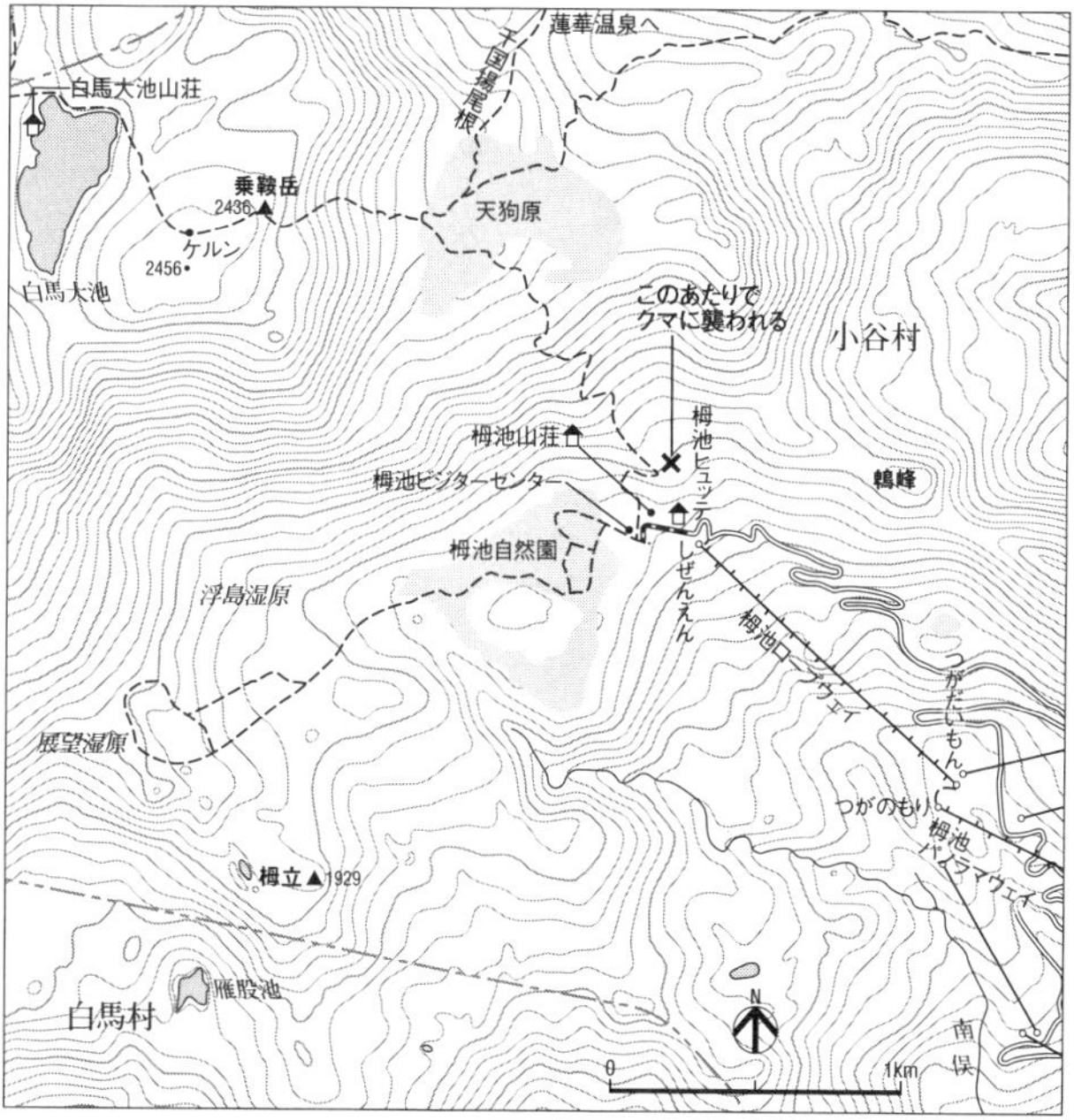
蓮華温泉へ
白馬大池山荘
千国揚尾根
乗鞍岳
2436
天狗原
ケルン
2456
白馬大池
このあたりで
クマに襲われる
小谷村
栂池山荘
栂池ヒュッテ
鵯峰
栂池ビジターセンター
栂池自然園
しぜんえん
浮島湿原
栂池ロープウェイ
つがだいもん
展望湿原
つがのもり
栂池パノラマウェイ
栂立
1929
雁股池
白馬村
N
0
1km
南俣

中から曇りがちになり、山頂駅のあたりではちらちらと雪が舞いはじめていた。

そこには三パーティほど約十人のスキーヤーがいて、「今日はどちらへ」などと立ち話をしながら小休止をとった。天狗原か鵯峰《ひよどりみね》に行くつもりでいた鶴巻たちは、ここで天狗原に行くことに決め、再び雪の斜面を登りはじめた。

トレースは天狗原方面にも延びており、鶴巻がトップを行き、二、三メートルあとに友人が続いた。積雪は一メートル以上あったようで、背の低い藪はほとんど埋まっていたが、谷筋は完全には埋まりきっていなかった。

突然のクマとの遭遇

行動を再開して十～十五分が経ち、小高い斜面を登りきって平坦になったところに出た。そのときに、「ばさっ」という、雪が木から落ちたような音がした。顔を上げると、ほぼ真正面、一〇メートルも離れていないところにクマがいて、目と目が合った。

クマは四つん這いの体勢で、こちらを威嚇するようなオーラを全身から放っていた。直感的に「あー、この距離はマズい」と思い、クマの姿を視界に入れながらも

栂池高原スキー場のロープウェイ自然園駅から天狗原方面へ、シールを付けて登る（写真は事故とは関係ありません）

目を逸らし、「うぉー」と声を上げながら、両手に持っていたストックを大きく上下に振って牽制をした。友人もほぼ同時にクマに気づき、うしろで同じように「うぉー」と叫んでいた。だが、クマはそれに怯まず、前に一歩を踏み出した。それを見た友人は、「こりゃあ、ダメだ」と思ったと、あとになって聞いた。

とにかく距離をとらなければと思い、ストックを大きく振りながら二、三歩後退したときに、つまずいてバランスを崩し、尻餅をついてしまった。「ヤバい」と思った直後に、クマが突っ込んでくるのが見えた。仰向けの状態のまま、顔を守るためにストックを持った両手を強く握りしめ、顔の前でクロスさせた。クマはその上からのしかかって、頭に噛み付いてきた。被っていた帽子はいつの間にか吹っ飛んでいた。

「重さはあまり感じませんでしたが、頭をガジガジ齧《かじ》られているのがわかり、『あー、頭をやられているな』と思いました」

スキーを履いていたため、体は自由に動かせなかった。指を噛み千切られないように、手を硬く握りしめたまま顔をガードし続けた。そのとき、友人がすぐにそばまで駆け寄ってきて、ストックでクマを思い切りパーンと叩いた。

「あとで考えてみたら、友達もやられていたかもしれません。よく助けてくれたと思います。ほんとうにありがたかったです」

その一撃でクマは鶴巻から離れ、谷側のほうへ逃げ去っていった。逃げていくクマのお尻が、しばらく見えていた。

攻撃されていた時間は二十秒もなかったように感じた。致命傷を負わずにすんだことに安堵しながら立ち上がった瞬間、頭の傷からぴゅーっと血が飛び散って雪を赤く染めた。

それまでにも何度か頭部にケガをしたことがあったので、出血にはそれほど驚かなかったが、「あ、マズい。止血せないかん」と思い、傷にネックウォーマーを当てて圧迫止血をした。友人には「ゴメン、クマにやられてもうたから、今日はもうダメやで、早く帰ろう」と声をかけた。

そこへ後続のパーティが上がってきた。幸いだったのは、そのなかに医師と看護師がいたことだ。彼らのおかげで、適切な応急手当てを受けることができ、二十～三十分ほどで出血は止まった。しかし、「出血が多いから救急搬送してもらったほうがいい」と言われ、友人が一一九番に通報した。

救助を待つ間はツエルトとフリースに包まれて安静にしていたが、しばらくして「天気が悪くヘリが飛べず、救助隊が地上から歩いて現場へ向かう」という連絡があった。だが、救助隊が到着するまでに時間がかかりそうなので、友人とほかのパーティの人たちが相談し、「人がいるから、下ろせるところまで人力で下ろそう」ということになった。その場には、ほかのパーティの人たちが十人ほど留まっていた。みな自分たちの予定を変更して、救助のサポートを申し出てくれたのだった。

ツエルトに包まれた鶴巻を数人がロープで確保しながら雪上搬送し、午後三時半前に林道を下りていた途中で救助隊と合流した。ゲレンデトップからはゴンドラで降り、下で待機していた救急車で長野の赤十字病院に運び込まれた。救助されている間は、気が張っていたせいか意識ははっきりしていて、まわりの人たちと会話もできる状態だった。ただ、救急車で運ばれているときに、一度だけ意識がふっと遠のいた。

クマに齧られたことで、前頭部から頭頂部にかけてT字状の大きな傷を負った。ほかに頭頂部や左側頭部などにも大きな傷があり、のしかかられたときに左の大腿部と右腹、左肩にも爪による傷ができた。幸い重傷を負わずにはすんだが、感染症が心配されたので、三日間入院して様子をみた。医者からは「まだ軽傷のほう。クマの場合は顔をやられて顔の一部を欠損する人が多い」と言われた。勤務先の会社には母親が電話を入れていて、「息子がクマに食べられまして……」と報告したことを、後日聞いた。

鶴巻が登山をはじめたのは七、八年前のことで、クマに遭遇したのはこのときが初めてだった。冬山に入るのはもっぱらバックカントリースキーが目的で、「正直、クマはまったく警戒していませんでした」という。入院中、ネットでほかの人のブログをチェックしていたら、同じ日に「白馬でクマを見た」「滑っていたらクマの足跡があった」と書かれた報告もあった。

「十一月末ごろだと、まだクマは活動しているらしいですね。それを聞いて、『ああ、そうなんだな』と思いました。警察の人には、『たまにクマを見かけることはあるけど、襲われる人は珍しいね』と言われました」

事故を振り返ってみると、クマが襲いかかってきたのは、後退しようとして尻もちをついてしまったタイミングだった。それまではじりじりと距離がつまっていたが、襲いかかってはこなかった。もし転ばずにいたら、攻撃を避けられていたのかどうかはわからない。ただ、転んだことで、クマは噛みつく攻撃しかできず、その程度のケガですんだのでは、という指摘もあった。

いずれも仮定の話なので、実際のところがどうなのかはわからないが、「いろいろ運がよかったんだと思います」と藤巻は言う。今回の事故で山やスキーをやめようとは思わないが、これからはクマに対する警戒も怠らないようにしなければと思っている。

冬も活動しているクマ

本書では、雪山でツキノワグマに襲われた事例として、ほかに仙ノ倉山での事故を紹介しているが（七四ページ参照）、一般的にはクマの活動期は四月から十一月ごろまでで、十一月ごろから翌年四月ごろまでは冬眠するものと認識されている。しかし、近年は冬季におけるクマの出没・目撃情報も相次いでいるようだ。

環境省の調査によると（目撃情報を公表していない北海道およびクマが生息していない九州・沖縄県は除外）、冬季間の十二月から翌年三月の出没・目撃件数は、二〇一六年度が四八二件、一七年度は二六六件、一八年度は三六一件、一九年度が六三一件となっており、年によってバラつきはあるものの、一定数のクマが冬にも活動していることがわかる。

　冬眠しないクマは、数こそ少ないが昔から確認されていたという。冬眠しない理由としては、なんらかの要因により、冬眠に入れなかったり、冬眠中に目覚めてしまうことなどが考えられる。とくに近年は暖冬傾向が続いており、昔ほど冬の寒さは厳しくない。冬季間の出没・目撃件数が一九年に急増したのも、暖冬少雪だったことが大きな一因になっているものと思われる。

　冬山だからクマに遭遇する心配はない、と考えるのは早計である。活動期と比べればたしかにリスクは低いが、ばったり出くわしてしまう可能性はゼロではない。雪山登山であっても、バックカントリースキーであっても、「万が一、クマに遭遇したら」というシミュレーションはしておいたほうがよさそうだ。

◉第四章

クマの生態と遭遇時の対処法

解説＝山﨑晃司

ツキノワグマとヒグマの生態

分布

現在世界には、八種類のクマ類（パンダ、マレーグマ、ナマケグマ、メガネグマ（アンデスグマ）、アメリカクロクマ、アジアクロクマ（ツキノワグマ）、ヒグマ（グリズリー）、ホッキョクグマ）が生息し、そのうちの二種を日本に見ることができる。すなわち、北海道にヒグマが、本州と四国にツキノワグマが分布している。

遺伝分析によって、ヒグマについては大きく三系統が知られる。北方経由で北海道に入ってきた二系統と、南方経由で九州や本州を辿って北海道に至った一系統である。本州を経由した系統については、これまで類似する遺伝子タイプが世界のその他のヒグマの生息域で見つかっていない。チベットに生息するヒグマに比較的近縁とする見解もある。

一方のツキノワグマも三系統が知られ、東日本のグループ、西日本のグループ、そして紀伊半島・四国のグループとなる。日本には、現在の朝鮮半島のあたりから五十〜六十万年前に入ってきて、その後、日本の中で現在の遺伝的グループを形成したとする学説があるが、さらに古い一〇〇万年以上前に入ってきたとの説も最近提唱されている。いずれにしても、最後の氷期のあたりまでは、本州にはツキノワグマとヒグマが同所的に生息していたことが、化石骨の発掘などからも証明されている。

全国規模での両種の分布域状況については、環境省が一九七八年と二〇〇三年に報告をしている。この調査は、全国を五×五キロのメッシュに区切り、メッシュごとにクマ類の存在の有無を複数の情報ソースから判断して示したものである。この結果からは、一九七八年に比べて、二〇〇三年にはヒグマ（分布メッシュ率で七ポイント）、ツキノワグマ（同じく六ポイント）ともに分布域を拡大させたことが示された。その後、全国規模での行政による分布調査は実施されていなかったが、日本クマネットワークが、環境省が二〇〇三年に報告した分布域の前線部分に着目して分布調査を実施し、二〇一四年に報告をした。

その結果は、さらにクマ類の分布が拡がっていることを示した（図1）。環境省のレッドリストでは、絶滅のおそれのある地域個体群（カテゴリー：LP）として示されている多くの個体群についても、少なくとも分布域の観点からは回復傾向がうかがわれた。ただし、これらの分布域調査の結果は、実際のクマ類の個体数の多寡を示すものではないことに注意が必要である。また、ツキノワグマについては、二〇一二年に九州のツキノワグマ地域個体群が絶滅と判断されたことに加え、四国の地域個体群も依然危機的な状況に置かれている。

生態的な特徴

クマ類の祖先は、樹上生活と植物質に偏った雑食性を獲得して、他の地上性の食肉類との競合を避けた。この特徴のうち、植物質性の強い雑食性の部分は、ヒグマ、ツキノワグマともに受け継いでいる。樹上性については、より体サイズが大きく、開放的な環境での生活も可能なヒグマに関しては、すべての個体が保ち続けている特徴ではない。大型のオスなどは、木登りが得意ではない。一方、ツキノワグマは、オスメスともに樹上での生活、特に採食を高い頻度で行なっている点で、祖先のクマの特徴を残している。植物質の利用という点では、草本類、木本類の葉、花、果実などさまざまな部位を利用する。ツキノワグマでは、各地で行なわれた糞の分析に

図1　ヒグマとツキノワグマの分布図（日本クマネットワーク 2014 より）
明るいグレーが 1978 年、濃いグレーが 2003 年、黒が 2013 年の分布を示す

よる食性調査により、九十種の果実を食物として利用していることが知られる。また、ツキノワグマは、スギ、ヒノキ、カラマツなどの針葉樹（特に人工的に高い密度で植栽された林分）の形成層周囲を摂食する、樹皮剥ぎ（あるいはクマ剥ぎ）と呼ばれる特殊な食性も見せる。ただし、クマ類は食肉類としての消化器官しか備えていないため、シカやニホンカモシカなど反芻獣のような体内細菌を利用した繊維質の消化はできない。そのため、葉部などの利用は、繊維質が低く、逆にタンパク質含有量が高い新葉の時期に高くなる。

付け加えれば、ヒグマもツキノワグマも、食肉類の特徴である発達した犬歯を上顎および下顎に備えている。しかし、臼歯の形状は私たち人間と同様に上部（歯冠）が平らになっており、裂肉歯と呼ばれるナイフ状の臼歯を持つ真のハンターであるネコ科などと異なる。この形態は、雑食性に適応していることの証である。

動物質では、アリやハチなどの社会性昆虫が、一回あたりの摂食効率が高い点などから多くの地域で利用されている。最近は、北海道や本州でのシカの個体数増加により、国をあげての個体数コントロールが行なわれているためか、クマ類はその残滓を利用している事例も多い。また、ヒグマではエゾシカの幼獣や、場合によっては成獣も捕食することが報告されている。ツキノワグマでも、シカ幼獣の捕食が一部の地域で観察されている。

ヒグマ、ツキノワグマともに、冬季には冬眠を行なう。冬眠は、冬季の低温への適応ではなく、飢餓への適応と解釈されている。すなわち、植物質食物の多くが期待できない冬季には、探餌《さいじ》活動に費やすエネルギーと、その結果得られるエネルギーの収支をバランスにかけ、動かずにやり過ごすことを選択した種といえる。冬眠前には食欲亢進《こうしん》期と呼ばれる時期を過ごし、脂質、炭水化物などを大量に摂食することにより、体重を夏に比べて数十パーセント増加させる。冬眠中は体温を下げ、飲食、排尿、排便を停止させる。ただし、メスについては冬眠中に子を出産して、授乳を行なう。ヒグマ、ツキノワグマともに、平均産子数は二頭程度であるが、ヒグマの方が産子数のばらつきが大きい印象がある。

出産後、子は母親と長い時間を過ごし、この間に生きるための多くのことを学ぶ。子別れの時期は、ヒグマではおよそ二・五歳、一方ツキノワグマではおよそ一・五歳とやや早い。子別れの時期までの間に、幼獣はさまざまな理由で死亡する。食物の不足による飢餓に加え、オス成獣による子殺しも発生する。子殺しは、盛期の短いオス成獣が、自分の遺伝子を効率的に残すための行動で、自分以外のオスの遺伝子を持つ幼獣を殺すことで、その母親を再発情させ、自身が交尾行動を行なうことと説明される。前述のように、子を失わない限り、ヒグマでは二年半、ツキノワグマでは一年半の間、メスは子育てに専念して発情しないためである。

メスは、着床遅延という独特な繁殖メカニズムを持つ。クマ類の交尾期は初夏であるが、この際に交尾により受精したメスの卵子は、直ちに子宮に着床することはない。秋の食欲亢進期にどの程度の食物を摂食《せっしょく》でき、その結果どの程度体脂肪を蓄積できたかの判断を行ない、十分な出産育児の用意が整ったと判断されるメスだけが、十二月になってはじめて受精卵を着床させて、胚を発達させる。

ここまでの説明でも明らかなように、ヒグマもツキノワグマも基本的には単独生活を営む。複数で行動する場合は、母親とその子どもの場合、また極めて一時的なつながりながら、発情期にオスとメスが同所的に行動することがある。まれに、子別れした後の一腹の兄弟がいっしょに行動することもある。

野生下での寿命についてはよくわかっていない。断片的な情報からは、ヒグマ、ツキノワグマ両種ともに、平均的に二十歳前後と想像される。まれに、三十歳という個体も記録されている。繁殖可能時期（性成熟時期）は、ヒグマのメスで四歳程度となる。ツキノワグマでは、オスで三歳程度、メスで四歳程度である。ちなみにこれらは生理的な成熟齢であり、社会的な繁殖参加を約束するものではない。

生息環境

生息環境を考えたとき、ヒグマ、ツキノワグマともに、森林に依存する種といえる。特に落葉広葉樹林は、春のフラッシュと呼ばれる一斉開葉時期があるため、低繊維かつ高タンパクの食物を提供する点で重要な生息環境である。同時に、秋季のコナラ属やブナ属の堅果《けんか》類の存在も忘れることができない。脂質や炭水化物に富んだこれら果実は、クマ類の冬眠準備や、メスについては出産準備の観点から極めて重要である。ただし、ヒグマについてはツキノワグマよりも開放的環境を選択する場合も多い。知床半島のような河川にシロザケやカラフトマスが大量に遡上する地域では、ヒグマは河口域にまで姿を現わし、積極的に遡上魚を捕食する。

生活のために利用する範囲（行動圏）は、他の日本の哺乳類と比較して格段に広い。クマの種類、地域、季節、性別などによりその大きさは異なるが、一般論としてはオスの行動圏はメスよりも大きく、数倍に及ぶ場合もある。これは、メスはオスに比べて子育てのために安定した既知の土地を選ぶ傾向があるためである。行動圏は、ヒグマのオスでは二〇〇〜五〇〇平方キロ程度、メスでは一三〜四三平方キロ（ただし年間行動圏）になる。ツキノワグマではオスでは一〇〇〜二〇〇平方キロ、メスでは五〇〜一〇〇平方キロとなる。年間の行動圏の大きさで見てみると、食物の不足年には、行動圏がより大きくなる傾向が認められる。そのような年には、普段は保守的なメスも、オスに負けじと行動圏を広げる。ヒグマのオスの例では、標津《しべつ》で捕獲されたヒグマのオスが、直線で五〇キロ以上離れた知床半島に移動を行なっている。ツキノワグマのオスの例では、秋の堅実不作年に、東京都の奥多摩から長野県の奥秩父（千曲川上流域）に至る、直線で三〇キロを超える移動を行ない、また元の位置に戻るという長距離エクスカーションをしている。このような生存を担保するための移動は、クマ類が日本に入ってきて以来数十万年の単位で繰り返されてきた行動である。しかし、現在はそうした移動は、クマ類の人間生活空間への接近を招来してしまい、軋轢《あつれき》発生のひとつの要因となっている。このように大きな行動圏を構えるクマ類は、「アンブレラ種」と呼ばれることがある。これは、クマ類が生存できる環境であれば、その傘の庇護の下に、より小型の多くのさまざまな種の生存が約束されるという理解である。

ヒグマ、ツキノワグマともに縄張りは持たないため、狭い範囲に多数のクマが一時的に集まることもある。

生息数

野生動物の生息数を推定することは難しい。森林性で山地帯に生息するクマ類ではなおさらである。過去には、目撃数、痕跡数などを用いた地域別での生息数推定が行なわれ、その得られた密度をさらに広い面積のクマの生息環境に外挿《がいそう》しての、全体での生息数推定も行なわれてきた。ただし、その数値は信頼性に欠ける部分もあった。現在は、捕獲数に加え、生活痕跡や出没数(目撃数)などの密度指標を併用して、統計的なモデルを用いての生息数推定が試みられている。手法にはまだ改善の余地があるが、日本全体で、ヒグマでは約一万頭、ツキノワグマでは約三万頭という数値が算出されている(統計的推定のために、実際には推定値に大きな信頼幅が存在する)。この数を多いとみるか少ないとみるかは判断が分かれるが、シカ(本州以南:二七二万頭、北海道：六十万頭以上）やイノシシ（本州以南：八十九万頭）の生息推定数と比べれば、桁が大きく異なることがわかる。

体の大きさ

ヒグマ、ツキノワグマともに、大陸にも同種が生息しており、北海道、本州、四国に見られるクマはそれぞれ島嶼《とうしょ》に分布する亜種としての位置づけになる。体の大きさは大陸産に比べて小型である。どちらの種も、成熟したオスはメスよりも一回り大きい（性的二型という）。ヒグマではオス成獣で二〇〇キロ程度、メス成獣で一〇〇キロ程度であるが、これまでにオスで四〇〇キロ、メスで二〇〇キロを超える個体も記録されている。ツキノワグマでは、オス成獣で六〇〜一〇〇キロ程度、メス成獣で四〇〜六〇キロ程度である。ツキノワグマのメスは体重三〇キロ程度でも十分に成熟した個体であることがある。これらの数値は、実際に私たちが想像するよりも、クマの体重は軽いことを示している。特にツキノワグマについては、山中で経験のない人が目撃した場合、幼獣と勘違いしがちであるが、実際には成獣であることも多いことをうかがわせる。

性質

基本的には人を避ける動物である。食肉類に分類されるとはいえ、ほかの動物を襲って捕食することは少ない。人を襲う理由も、九九パーセント以上はクマが自分自身の安全を確保するための防御的攻撃である。通常はごく近距離でクマ類と遭遇したとしても、クマの方がその場から立ち去ることが大多数である。その見極めは難しいが、遭遇時に人の側に近づいてきたとしても、その多くは威嚇攻撃（ブラフチャージ）であり、本当の攻撃に至る事例はさらに少ない。

最近のクマの出没と事故

クマ出没の現状

クマ類と人間の間での軋轢は、ここ最近増加傾向にある。特にツキノワグマでは、二〇〇〇年代に入って以降、常態化している感がある。図2は、環境省が発表しているクマ類の捕獲数統計（後述するように、捕獲後の放逐個体数も含まれる）を年度別にまとめたものである。正確には、捕獲数は出没数を直接的に示すものではない。管理体制がしっかりしている地域では、クマ類が出没しても、捕獲以外の対応オプションを選択して、即捕獲とはならないからである。しかし、現状では出没数を正確に表わせる統計を全国で俯瞰することはできないので、ここでは捕獲数を示した。地域別にみれば、出没の様相が異なる点は認識しておく必要があるが、本州全体での出没状況をざっくりとまとめれば、二〇〇四年を皮切りに、二〇〇六年、二〇一〇年、二〇一二年、二〇一四年とほぼ隔年周期で〝ツキノワグマの大量出没〟と表現される事態が発生している。また、二〇一六年以降は、ツキノワグマの出没が常態

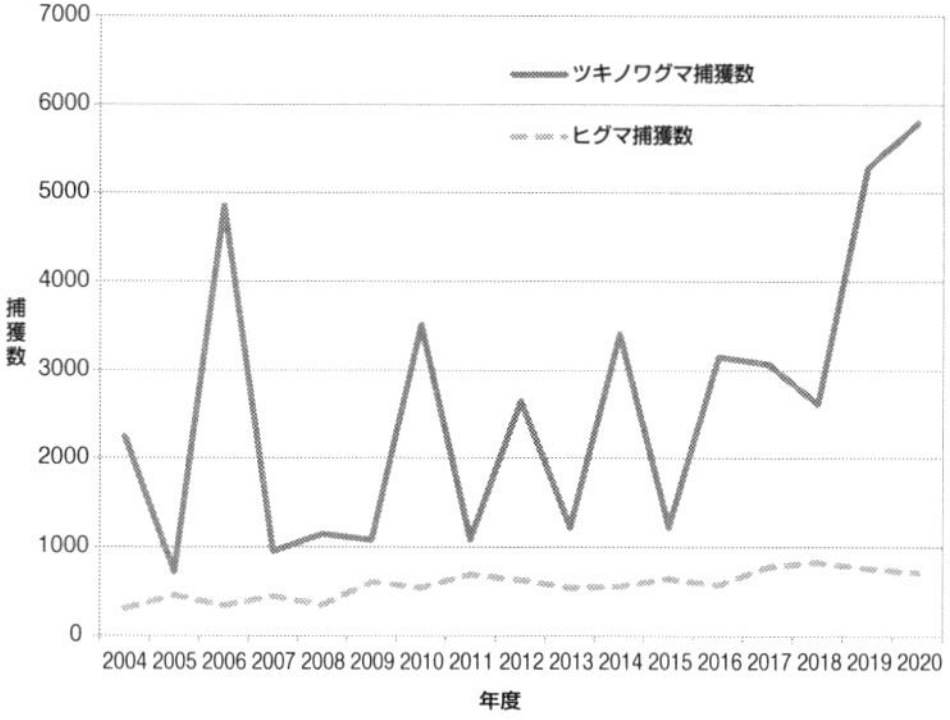

図２　ヒグマとツキノワグマの年度別捕獲数（環境省統計より）

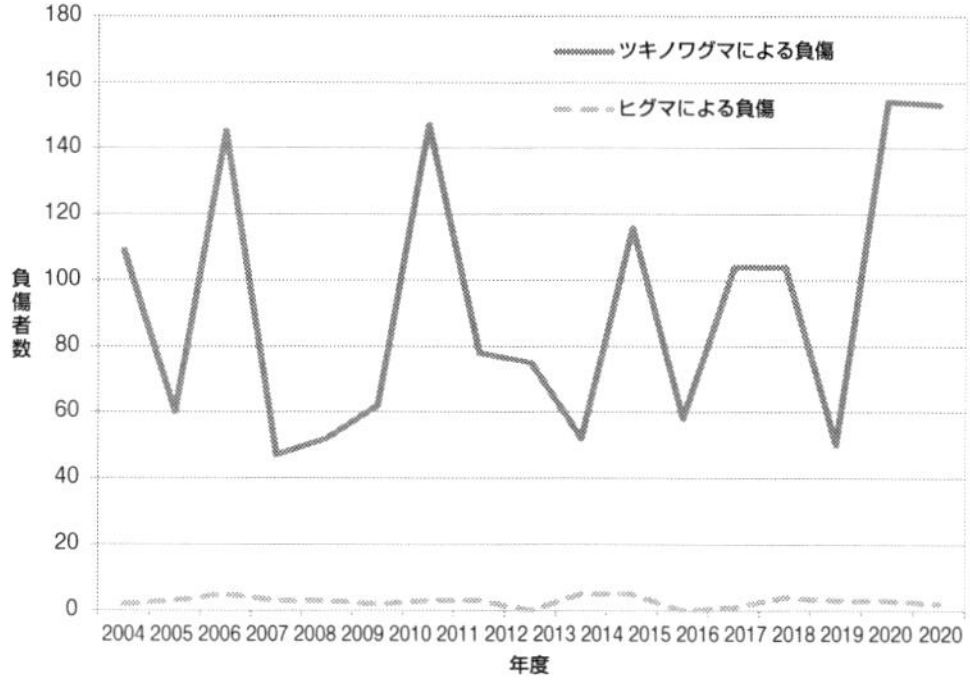

図３　ヒグマとツキノワグマによる年度別人身事故数（環境省統計より）

化している。これらの年には、二〇〇〇〜五〇〇〇頭のツキノワグマが捕獲され、その多くが殺処分となる。ここ最近でもっとも捕獲数の多かった年は二〇二〇年で、実に五七九五頭のツキノワグマが捕獲された。学習放獣、奥山放獣などと呼ばれる非致死的なツキノワグマ管理方法があり、ツキノワグマに人の生活空間に近づくことの恐ろしさを学習させたうえで放逐をする方法もある。地域によっては捕獲個体のある割合に対して、このような対応が取られるようになってきていたものの、ここ数年は捕獲個体に占める放獣率はどんどん低くなる傾向にある。ツキノワグマの放獣に関する理解が、行政や地域から得られなくなってきているためである。

ヒグマについては、出没数（捕獲数）が緩やかに上昇をしており、ここ最近は七〇〇〜八〇〇頭程度になっている。ツキノワグマのような、周期的な出没の増減は捕獲統計からは認めにくい。ツキノワグマと捕獲後の措置で異なる点は、捕獲個体のほぼ一〇〇パーセントが殺処分となっていることである。

人身事故件数

環境省が発表しているクマ類による人身事故件数を年度別にまとめたものが、図

3である。ツキノワグマでは、先に述べた大量出没年には、一〇〇人以上の人間が人身事故に遭い、年によっては数人の方が死亡に至っている。このようなツキノワグマによる高い人身事故件数は、世界中どこを見回しても報告されていない。その意味で、本州で起こっている事態は、世界的にも極めて稀有なことと理解できる。

一方、ヒグマによる人身事故件数は毎年数人のオーダーで低く推移している。クマ類による平均人身事故数を試しに算出すると、ヒグマは約二・八人／年、ツキノワグマは九二・一人／年となる。これを粗々な試算であるが、両種の推定生息頭数（ヒグマ一万頭、ツキノワグマ三万頭）で考えると、事故の発生率はヒグマで〇・〇三件／一〇〇頭、ツキノワグマで〇・三一件／一〇〇頭となり、明らかにツキノワグマによる人身事故発生件数の方が高い。こうした、種による事故率の相違の理由は明確ではない。クマ類の人身事故のほとんどが、防御的な攻撃であることを思い出せば、より体の小さなツキノワグマの場合、人との遭遇時に心理的に緊張する結果となり、そのことが攻撃をより誘発している可能性がひとつある。今ひとつは、ツキノワグマがもともと攻撃的な性格であるという仮説である。ツキノワグマと近縁のアメリカクロクマは、海外の研究者に聞く限りでは比較的おとなしい性格で、研究者がアメリカクロクマにより攻撃されることはほとんどない。比較して、私自身も含め、ツキノワグマの研究者は、ツキノワグマからしばしば攻撃を受けている。ツキノワグマの攻撃性が本当に他種に比較して高いのか、またそうであれば何に由来するのかは今後の研究テーマである。

事故の様態

人身事故の様態については、日本クマネットワークが二〇一一年に詳細に取りまとめて「人里に出没するクマ対策の普及啓発および地域支援事業　人身事故情報のとりまとめに関する報告書」として刊行・発表している。この報告書では、一九五三年以降の一一〇〇件を超える人身事故事例を日本全国から採集している。

ヒグマの人身事故の発生地域については、前述のように発生件数自体があまり多くないこともあり、明確なパターンは読み取れなかった。一方、ツキノワグマの人身事故の発生地域については、ツキノワグマの生息密度と連動した傾向を示した。すなわち、東北、上信越、北陸地方で人身事故発生件数が高かった。

季節的な発生件数の消長も興味深い。北海道では全年度（ヒグマでは、ツキノワグマに見られるような大量出没年が存在しないため）、また本州以南ではツキノワグマの平常年（大量出没年を除く）のみを抜き出した様子を見てみると、北海道と東北では、春と秋に二山型のピークを示した。これは、春の山菜や秋のキノコ採りなどの人間の側の活動が大きく影響していることが想像される。特に山菜については、冬眠明けのクマにとっても垂涎の食物品目であり、人間とクマがそれぞれ山菜に夢中になっているなかでの遭遇、そして事故への発展が考えられる。特に山菜採りは、茂った見通しの悪い環境下で行なわれるため、人間、クマ双方が近距離での遭遇を引き起こし、クマの防御的攻撃を誘発しているようである。また、山菜採りやキノコ採りでは、人間が中腰姿勢でいる場合が多い。クマから見れば、人の視線が下がった位置になるわけで、立ち姿勢の視線と比較して人が小さく見えるという指摘もある。つまり、クマにとって逃げるか攻撃して脅威を排除すべきかの判断の際に、小さく見える相手であれば、攻撃が選択肢として有力になるという仮説である。それに比べて、関東以南では発生時期のピークが八月の盛夏にあるものの、春先からコンスタントに人身事故は発生している。この明確な理由はまだ判明していないが、後述するようにいくつかの仮説はある。

ツキノワグマについては大量出没年のみを切り出すと、平常年とは異なった様子も見える。人身事故発生時期については、本州のどの地域でも、十月にピークが認められることである。これは、ツキノワグマの冬眠に向けた脂肪蓄積にもっとも貢献するブナ科堅果の結実量が、植物側の繁殖戦略によって年変動をすることによる。樹種によってその間隔は異なるが、数年置きに結実の豊凶を繰り返すために、ツキノワグマは毎年安定して堅果を利用できるわけではない。そのため、堅果の不作年には、先に述べたように普段とは異なる長距離移動を行ない、その途中で人の生活空間に近接し、軋轢を生じさせることがその理由である。最近の地球規模での温暖化は、ブナ科堅果の結実サイクルに影響を与えている可能性も示唆されており、あるいはそうした事態が、最近のツキノワグマの出没が隔年サイクルになってきていることに関与しているのかもしれない。

大量出没年には、事故の発生場所がより人間の生活空間に近接して発生していることも如実に示された。ツキノワグマは、時として市街地に出現し、ついには家屋への侵入を引き起こすような事例もある。海岸部に現われ、砂浜で釣りをしている人を襲ったという極端な例もある。これら大量出没年の出没や人身事故は、主に夜

サクラ属の木にできたクマ棚

間に起こっている点も特筆される。通常、ツキノワグマは黎明薄暮に行動を活発化させる昼行型の活動形態を持つ。しかし、大量出没時には、行動パターンを昼行型から夜行型に見事に変化させる。こうした行動変化は、いくつかの地域での人工衛星や活動量記録ロガーを用いたテレメトリー調査でも報告されている。ツキノワグマの環境への適応性の高さを示すものであるが、やはり、人が活動するエリアに侵入する際には心理的な抵抗があるのであろう。このことは、ツキノワグマによる防御的攻撃をさらに高めている可能性がある。擬人的な表現になってしまうが、心理的な不安定に置かれているツキノワグマは、ちょっとしたきっかけで、パニックに陥ったり、その結果、人への攻撃を決断してしまったりしているのかもしれない。まさに、盗人の心理状態である。最近は、日中堂々と姿を現わして行動するツキノワグマも時として観察されるが、その行動が人への慢心であるとしたら、人の側は捕獲も含めた強い圧力をかけなくてはならないだろう。

最後に、今一度ツキノワグマによる人身事故発生時期について補足をしてみたい。十月の発生は堅果類の豊凶が影響を与えていることはすでに述べた。しかし、実際には真夏にも事故はしばしば発生しており、それは平常年での人身事故発生件数のピークでも示されている。この点についてはいくつかの仮説がある。ひとつは、堅果に食物品目を移行する直前の、つなぎ食物であるミズキなどの液果類の豊凶が効いているというものである。もうひとつは、その原因を前年の堅果結実量に求めるものである。これは、クマの春から夏の食物摂取から得られるエネルギーを計算した場合に、なかなか冬眠中の体脂肪回復に資するような食物はないことから、前年秋に蓄積した体脂肪を翌年の秋まで細々と消費していくという考え方である。そのため、前年秋の体脂肪量蓄積が堅果不作により不十分な場合は、翌年の夏にはストックは消費され尽くされると推定される。これが飢餓を引き起こし、出没を誘発することになる。実際、ツキノワグマの体に体温や心拍を計測できるロガーを装着すると、夏期は活動量を極端に下げることが確認できている。夏はツキノワグマにとって何とかしてやり過ごすための工夫が必要な時期であることが分かる。

春先から初夏にかけての出没はどうであろうか。これも仮説の域を出ないが、仮に出没個体が若齢個体で、さらにはオスである場合は、出生した母親の行動圏から逸出《いっしゅつ》した分散個体である可能性が高い。初夏はツキノワグマの交尾期にあたり、一歳半になった亜成獣が親から離れるタイミングとなる。仮に出没個体が成獣の場合には、夏期の出没と同様に前年秋の体脂肪蓄積量が効いている可能性がある。脂肪蓄積量が良好であった場合には、クマは冬眠明けから行動を活発化させ、いつもよりも広い範囲を動き回るかもしれない。種として、未知の場所に進出したり、分布を拡げたりするチャンスだからである。あるいは、体脂肪蓄積が不良であった場合にも、食物を求めて堅果不作年の秋のように広く動き回るかもしれない。これらは仮説の域を出ないが、検証のために全国をひとくくりにして論じるのではなく、地域集団ごとにその発生機序に科学的メスを入れていく作業が必要不可欠である。

加害グマが単独個体なのか、あるいは親子なのか、メスなのかオスなのかといった属性情報はきちんと集積されてきていない。よく言われることは、子連れのメスの場合、防御行動がより一層厳しくなり、通常であればクマが逃げる場合でも、メスは踏みとどまって人に攻撃を仕掛けるというものである。日本クマネットワークの報告書では、ヒグマについての加害個体の属性は、記録された事例の半数近くが親子であり、また本州での事故事例でもそれなりに高い割合を親子が占めている。ただし、多くの記録では加害個体の状況が不明な場合が多く、その正確な把握には課題を残した。

被害者とその負傷の程度

人身事故に遭っている人の年齢層では、ヒグマによる場合もツキノワグマによる場合も、五十歳代から七十歳代の中高年が大きな割合を占めている。これは、クマ類の生息環境とその周辺で作業やレジャーに関わる母集団の年齢層がそもそも高いということがあるだろう。さらに、高齢者は遭遇したクマが待避か攻撃による排除を選択した場合に、攻撃が多く選択されるという仮説が成り立つだろうか。しかし、北海道でのヒグマによる人身事故事例を過去に遡って紐解くと、一九九〇年代までは五十歳代以下の若い世代が事故に遭っていたことを考慮すれば、この仮説は棄却されるかもしれない。

被害者の行動人数では、やはり単独、あるいはふたりで行動していた場合の事故遭遇率が高い傾向が示されており、これはヒグマ、ツキノワグマともに類似する。大人数の集団にクマが襲いかかることは、そのクマが何らかの理由によってパニックに陥っていない限り、まず起こることではないだろう。

負傷の程度については、ヒグマとツキノワグマでは様相が多少異なる。ヒグマの場合には、被害に遭った人の三〇パーセント以上が死亡している。一方、ツキノワグマの場合の死亡事例はせいぜい数パーセントと低い。ただし、ツキノワグマの場合でも、ある程度の割合で重傷事例に至っている点は覚えておくべきである。ヒグマ事故による死亡率の高さは、ひとつにはツキノワグマと比較して大きな体格に求めることができる。ヒグマの死亡事例では、頸椎骨折が見られる点でツキノワグマと異なる。これは強大な力を備えるヒグマ故であるが、このことがヒグマの方がより攻撃的であることを示すものではない。また、ヒグマによる被害者に占める狩猟者の割合は五〇パーセント前後と高く、ツキノワグマによる人身事故と異なる。狩猟者がヒグマを手負いにしている例も含まれており、このような遭遇形態がヒグマの攻撃性を増大させているのかもしれない。

攻撃の理由

ヒグマ、ツキノワグマともに、人への攻撃のもっとも大きな理由は、自身の防御にあることはこれまでに述べてきた。しかし、こうした理由以外の攻撃もわずかながら観察されている。

そのひとつは、好奇心による人への接近が、最終的に攻撃に転じるパターンである。北米では人を知らない成獣や、特に亜成獣のヒグマにこのような行動が見られるとされる。そうしたクマの接近時に、人が慌てて不用意な行動を取った場合などにも、攻撃が誘発されることがある。あるいは、本書で紹介されている日高の事故も、はじめのきっかけは、そのようなことであったかもしれない。ツキノワグマでも、幼獣が人に接近してくる話はあるが、成獣でこのような行動をとる個体は聞いたことがない。体格にすぐれるヒグマならではの行動の可能性があるが、今後の検討が求められる。

最後の看過できない攻撃の理由は、人の捕食目的である。日本では、クマ類により食害を受けた遺体が発見された場合は、被害者、また遺族への配慮の観点から、その事実が公表されない場合が多い。したがって、公にされた数少ない記録から捕食目的の攻撃事例を検討することになるが、被害者が単独行動をとっていた場合、検証はさらに難しくなる。ヒグマでは、三毛別や日高での事故事例が広く知られるが、そのほかにも食害事例は複数記録されている。ただし、悩ましいのは、防御目的の攻撃が対象とした人を死亡に至らせ、その後そのクマが遺体を食物と認識して食害する場合と、最初から食物として攻撃を行なう場合の判別が難しい点である。

ツキノワグマでも、死亡事故現場で遺体が食害を受けていた事例は、秋田県、山形県、福島県、長野県、山梨県などで複数例記録されている。しかしヒグマと同様に、人を獲物として最初から攻撃したのか、その確実な証拠を得ることは難しい。高い確率で捕食目的の攻撃と考えられた事故は、本書でも取り上げられている二〇一六年に秋田県鹿角市で起こった四件の死亡事故事例のうちの、二件目以降である。事故現場での検証が十分に行なわれなかったために、事実はもう再現できないだろうが、一件目の現場での防御的攻撃とその結果の被害者の死亡が、そのクマに人を襲って捕食することを学ばせた可能性があった。一方で、四件の事故に複数のクマが関わっていたとの指摘もあり、仮にそうならば、同様の事故が今後も発生する可能性を残している。

いずれにしても、人の捕食目的の攻撃は人身事故全体のごく一部を占めるに過ぎないということが、幸いなことに現在の状況である。

人身事故増加の背景

人身事故の引き金

人身事故を引き起こす直接的な引き金は、ここまでで説明したように、食物の多寡に対するクマ類の応答が、人とクマとの遭遇の機会を増やすことがまず挙げられる。しかし、それだけでは最近のクマの大量出没と、それに伴う人身事故の発生は説明できない。その背景には、前述したヒグマ、ツキノワグマ両種の分布域の拡大が存在している。分布の最前線は、すでに人の生活空間に迫り、ある場所ではすでに重複さえしている。つまり、食物の不足など、ちょっとしたきっかけがあれば、クマはすぐに人の生活空間に飛び出してくる条件が整っているのである。

さらに事態を深刻にしていることは、そうした人の生活空間周辺には、クマにとって多少の危険があったとしても、その魅力に抗えないような人由来の食物が豊富に存在していることである。例えば、庭先に置かれた堆肥作成のためのコンポスト、飼い犬に与えるために玄関先の皿に盛られたドッグフード、家の裏に掘られたゴミ捨て場、収集日になると大量に道路際に重ねられる家庭ゴミなどがある。さらに悪いことに、昔は貴重な甘味として利用された柿や栗の実などが摘果されないままに、庭先にたわわに実っている光景は、最近の里山でよく見かける。こうした食物は、本来は自然の食物を求めて長距離移動を行なっている途中のクマを、その場所に簡単に足止めしてしまう。クマも人とまったく同じで、一度楽な生活を覚えると、その呪縛から抜け出せなくなる。野生動物にとって、栄養価の高い食物をいかに効率良く摂取するかは常に課題であるが、人の生活空間周辺では、それはいとも容易にかなえられる。

山の中も例外ではない。キャンプ場やテント場の残飯も、クマを引き寄せる。最近、状況は改善されているものの、以前は有名登山地の山小屋やホテルの周りに捨てられた残飯が、クマを呼び寄せてしまい、そのために人知れず密殺されたクマも多いと聞く。

今や、ヒグマやツキノワグマは深山にのみ住む幻の動物ではなく、私たちの身の周りに普通に見られる動物になりつつある。条件が整えば、河川の河畔林、水路の茂みなどを巧みに利用して、思わぬ場所に姿を現わすこともしばしば起こる。

森林の強度の利用の終焉

クマの重要な生息環境である日本の森林の多くの部分は、長い年月にわたって人の生活のために強度に利用されてきた。枚挙にいとまがないが、焼畑、薪炭林、カヤ場としての利用から、鉱山などのトンネル坑木、精錬のための燃料、また製鉄のための燃料としても広く利用されてきた。利用の歴史は古く、地域によっては中世まで遡ることも可能である。特にそうした強度の利用は、本州の太平洋岸や西日本、四国、九州などでより活発であったようである。その結果、森林の多くの部分は伐採をされ、尾根筋や山裾にパッチ状に木立が残るほかは、多くが禿げ山の状態を呈していたことが、近世の山々の姿を描いた絵図や、数十年前の写真などから知ることができる。こうした強度の利用は、太平洋戦争が終結した一九四〇年代以降もなおしばらく続いた。さらに、戦後の復興政策のひとつとして木材生産の大号令により、山の広い範囲が伐採され、針葉樹が植栽される、拡大造林施策が一九七〇年頃まで続くことになる。

このような森林の強度の利用は、当然のことながらクマをはじめとした森林性動物たちの生息環境を狭めることになった。戦後の頃に猟を行なっていた年寄りの話も、相当奥山まで入らないとクマの姿を見ることが難しかったとあるので、当時の森には動物の姿は限られていたのであろう。現在と異なることはほかにもあった。クマは肉や毛皮、また胆嚢は高価な漢方薬として換金価値が高いこともあり、格好の狩猟対象獣と位置づけられた。人の生活空間にさまよい出てきたクマは、躊躇することなく捕獲もされたであろう。

こうして、人が生産活動のために連綿と利用してきた地域を、里山などと呼ぶ。里山の定義はいくつかあるが、人が徒歩により日帰りで往復できる場所という見方もある。当時の人びとの健脚ぶりは相当なもので、里山はかなりの範囲をカバーしていたと考えるのが妥当である。このような状況が、人と野生動物の共生の本当に好ましいあり方であったかはひとまず置いておくとして、人とクマの緊張関係を保つ上で一定の機能を果たしていたことは確かである。この里山は、〝緩衝地帯〟などと呼ばれるが、それは、人とクマなど野生動物の生活空間の中間に位置していたためである。研究者によっては、〝人と野生動物の入会地〟と呼称する場合もある。

里山の消失

一九七〇年代後半頃からは、森林の利用の程度は低くなっていく。時同じくして、里山に居住する人たちの働き先も山ではなく都市に流れるようになり、山と向き合うことは少なくなっていく。禿げ山だった場所には、再び広葉樹の二次林が茂るようになり、やがていくつかの山中の集落からは人の姿が消え、廃屋は森に呑み込まれていく。人が住み続けている家屋の軒下にも、森が迫るようになる。

里山部の衰退はこの先も続いていくことが予測されている。日本の人口はこの後も減り続け、政府の統計予測によると、二〇六五年には総人口は、現在の一億三〇〇〇万人から、九〇〇〇万人を割り込むとされている。現在以上に都市部への人口集中が顕著になり、里山での過疎・高齢化はさらに加速するであろう。限界集落が増え、生活のためのインフラ整備は大きな課題になる。

クマをはじめとした野生動物を奥山に追い返す活力を、そうした地域に求めることは難しくなるだろう。さらに、里山に住みながら山の生活の知恵を知らない人びとが増えれば、クマなどの野生動物との軋轢はさらに激化することも予測される。このような事態を打破するための、決定的な施策は残念ながら思いつかない。

クマに限った話ではないが、野生動物による被害を防ぐための方策として、耕作地を柵で囲うといった生やさしい対策ではなく、集落自体を電気柵で囲まざるを得ない集落も最近は見ることができる。北海道での研究事例では、特定の農地が恒常的にヒグマを呼び寄せ、被害発生とその結果としてのヒグマの高い捕獲率を生み出していることを報告している。クマなどを誘引する柿の実をもぐために、竹竿を高く掲げることさえ難しい高齢化と過疎の現実が忍び寄っている。

人身事故への対応

人身事故を含む人とクマとの軋轢を軽減するために、いくつもの研究機関や自治体が挑戦を続けている。人身事故を防ぐもっとも重要なポイントは、いかにクマに遭わないように工夫を重ねるかである。遭ってからの人の行動に正解を求めることは難しく、そもそもそのような状況で冷静に行動できる人はほとんどいないと考えることが大事である。そのためには、人の側の行動の工夫とともに、クマを呼び寄せない環境と体制の整備を並行して行なう必要がある。また、万一事故が発生した際には、その発生理由についての十分な検証を行ない、同じ事故を再び繰り返さな

集落全体を囲うように設置された電気柵

いための最大限の努力を払うべきである。被害者への食害の事実が判明した際には、加害個体の特定を徹底して行ない、その個体の除去を速やかに試みなくてはならない。

人の側の工夫という点については次項で触れるため、ここではクマを呼び寄せないための工夫について触れてみる。まず、取り組むべきは誘因物を取り除くことである。人間の生活空間周辺であれば、人家周辺の採り残し果実（柿や栗など）の摘果、残飯やドッグフードなどの適切な処理、廃棄する農作物の適切な処理などが含まれる。併せて、そうした場所へのクマの接近を防止するために、移動のための通路となる藪のような遮蔽物の取り除きや、無理な場合にはスポット的な電気柵や、爆音器など威嚇装置の設置も効果的である。一部の地域では、集落と森の間の茂みの刈り込みに、ヤギやウシのような反芻獣を放牧して効果を上げている。イヌも、効果的に利用すれば、クマの接近を防いだり、警報を発したりすることに役立つ。ただし、イヌが怒ったクマを引き連れて飼い主のところに戻ってくることもあるので、その運用には注意が必要である。

山の中であっても基本は人間生活空間と同じであり、例えば、携行食糧の食べ残しをテントサイトに残してくるようなことは避けなければならない。しかしもっと重要な点は、行政サイドがクマの出没地点などを的確にモニタリングして、その情報を即時性を持って山の利用者に提供することである。山麓のビジターセンターで情報を提供することも良いであろうし、普及がめざましいネットを使っての配信も効果的である。クマの出没が懸念される場所には、警告の看板や札などを取り付けて、利用者の注意を喚起することも求められる。よく見かける悪い例は、何ヶ月もこうした注意喚起の看板が同じ場所に色褪せた状態で設置されていることである。これでは、利用者はその警告を信用してくれない。状況によっては、問題が起きそうなルートを遮断することも選択肢に入る。

人間生活空間周辺および山中両方においての統合的なクマ対策の好事例としては、知床半島での知床財団の活動を挙げることができる。ここには、地元住民や公園利用者への普及啓発を担うインタプリターとともに、ヒグマ対策の専門職員が配置されており、人身事故を含む軋轢対策に奔走をしている。対策専門職員の職務を一部紹介すれば、同地に生息するヒグマ個体の動向のモニタリング、人へ接近してくるヒグマに対してのゴム弾や花火弾を使った追い払い、シカ斃死体《へいしたい》などの誘引物質があった場合はその撤去、どのようにしても人の生活空間に接近するヒグマへの最終的な選択肢としての銃器を使った捕殺などである。もちろん、集落や農耕地にヒグマを接近させないための、電気柵の設置や設置の指導なども行なっている。危険を未然に防ぐための遊歩道の閉鎖なども担っている。このような事例は、予算や人の配置の観点から、すぐにすべての自治体で導入が見込めるシステムではないが、今後検討されるべき前例である。

しかし、このような管理対策を試みたとしても、人身事故を一〇〇パーセント防ぐことは残念ながらできない。繰り返しになるが、肝心なことは、同じような人身事故を繰り返さないために、事故を徹底検証してそこから学ぶことである。二〇一六年に秋田県鹿角市で起きた連続した四件の死亡事故では、そのような事故の発生を予想していなかったこともあり、担当各機関の連携に課題を残す結果となった。そのため、加害個体の特定は、この先も期待できない状態に陥っている。

どのような理由があるにせよ、食害を起こしたクマは、そのクマに罪はないにしても、捕獲処置を速やかに取る必要があることはすでに述べた。その際に考慮すべきは、加害個体を特定して捕獲することであり、その地域のクマを根こそぎ捕獲す

ツキノワグマの出没を警告する看板

ることではない。しばしば、この点がおざなりにされることは残念である。

北海道では、人身事故を起こしたヒグマの特定に、遺伝分析の手法を取り入れて成果をあげている。死亡や重症事故のような深刻な事故が起きた際には、地元警察などとの協働のもと、野生鳥獣管理の専門職員が現場に速やかに出向き、現場に残された加害グマの遺留物を発見して、そのDNA解析を行なう。仮にその現場で加害個体の捕獲に至らなかったとしても、当該個体の個体情報はすでに記録されているので、それ以降に起きた事故現場で収集された遺伝子試料や、あるいは近隣で捕獲された個体の遺伝子試料との突き合わせを行なうことが可能となる。このような個体情報を地道に分析してファイルすることにより、加害個体特定の道が開けてくるのである。鹿角市の例でも、一件目から四件目すべての現場において加害グマの遺留物を採取することができていたなら、四ヶ所の現場に現われたクマが単独個体であったのか、あるいは複数の個体であったのかなど、今後のための有益な情報を与えてくれたはずである。このような試みは、もっと全国に普及して良い手法である。

事故発生の後には、可能な限りの情報を収集・記録して適切に保管することも大切である。しかし、これら記録は関係各機関で個別に収集保管されている場合も多く、その統合された情報にあたることは難しい。死亡事故などの場合には、情報が開示されない場合もある。さらに悩ましい点は、担当者の異動により、情報の在りかが不明になることもある。そもそも、必要な情報が網羅されて記録されていないこともしばしばである。

日本クマネットワークでは、こうした状況の打破に向けて、「クマ類人身事故調査マニュアル」を二〇一一年三月に発行して、関係機関に配布をしている。日本クマネットワークのＨＰからはＰＤＦでダウンロードも可能であるので、興味のある方はぜひご覧いただきたい。しかし、現実的にはこのマニュアルはあまり行政に利用されていない様子であった。鹿角市の人身事故の後には、改めて印刷を行ない、再び関係機関に配布をしている。今後、活用されることを願うばかりである。

クマとの付き合い

登山者が注意すべき点

クマとの不要な遭遇を避けるために、山を利用する側は、どのような点に気を遣うべきであろうか。まず理解すべきは、クマがもともと生息する環境に入っていくという心構えを持つことではないだろうか。この点は、集落などの人間生活空間に出没するクマへの対策と根本的に異なる点である。そのため、行動の多くの責任は自身にあることと認識するべきと私は考えている。山中で事故に遭い、負傷して下山した人たちが、クマに罪はないという話をされ、関係機関に捕獲を要請しなかったという話を聞くことがある。本当に勇気のある方たちだと思う。

クマの棲む山を仕事や遊びで利用する際の最大のポイントも、まずはクマに遭わない工夫をすることにつきる。事前に自分の向かうルート周辺での最近のクマ出没情報を集めることからはじめ、仮にそれでもそのようなルートを進むのであれば、さまざまな注意が必要である。鈴やラジオなどの鳴り物を持つことも考えられる。個人的には、こうした鳴り物は自然の雰囲気を壊すため携帯していない。特にラジオは騒音と感じるときもある。また、これまでの人身事故事例では、こうした鳴り物はクマ避けに万全ではないことも知っておきたい。携帯していても攻撃された例、さらには鳴り物を持った人間に気が付くこともなく近くを通り過ぎたクマの例もある。私は、クマの出そうな場所では、大きな声を出したり、手を叩いたりして代用しているが、正直に言うといつも実行しているわけではない。それでも、風が木の梢を鳴らしている、沢の音が高い、強い雨が降っているなどの、明らかにクマがこちらに気づきにくい気象や環境下では、クマの気配に耳を澄ましている。

普通の山歩きの速度であれば問題がない場合も、クマの想定を超えるスピードでの移動を行なっているときは注意が必要である。トレイルラン、MTBなどがそうであるが、クマに待避するいとまを与えずに、懐に飛び込んでしまう可能性がある。クマの側が逃げる余裕がないと判断した場合には、当然ながら防御的攻撃を受ける可能性が高まる。詳細は不明ながら、山中でランニング・トレーニングをしていた方が、親子グマに遭遇して、母グマに噛まれて負傷するという事故があったが、速いスピードで親子の間に割って入ってしまったのではないだろうか。

登山地図に掲載されていないようなバリエーション・ルートも、クマに遭う可能性を増加させるかもしれない。そのような一般ルート外でのクマ出没情報を得ることはかなり難しいためである。その場合は、クマの痕跡などに十分な注意を払うことがひとつの方法になる。糞、木の枝の折り跡、樹皮に付けられた爪痕などである。こうした痕跡がフレッシュな状態で集中的に発見される場合には、その場から引き返す勇気を持つことも大事である。特に、枯れ葉や土がかけられたシカなどの動物遺体を見つけた場合は、決して近づいてはいけない。クマが自分の占有食物として、近くで見張っている可能性が大きい。とても危険な状況と言える。

持ち込んだ食料の取り扱いにも注意が必要だ。ひと昔前であればあまり注意しなくても良かった事項ながら、その残りや匂いがクマを誘引する可能性は十分にある。北米で一般的な手法である食料を匂いの出ないプラスチックバッグに保管する、テント内で調理をしない、クマの手の届かない高さに食料を吊すなども、日本でも適用すべき時代にすでになっている。特に定まったテント場などでは、残飯などもすべて持ち帰った方が良い。そのときに問題が起きなかったとしても、後でその場所を利用した人がクマとの軋轢に遭う可能性がある。

ツキノワグマにより土や草をかけられたシカの死体。絶対に近づいてはならない

しかし、このようなクマを避ける努力を続けていても、クマとの遭遇は確率の問題として起こるだろう。クマに遭ってしまったときの定法は、クマを刺激しないように相対したまま、できるだけ落ち着いて後方にゆっくり下がって距離を取り、その場から遠ざかるというものである。これは、北米で推奨されている方法である。防御的攻撃である場合には、クマをそれ以上刺激しないという点で理に叶っている。

それでもクマが突進してきたとしても、まだチャンスはある。私のこれまでの経験でも、クマの突進は威嚇（ブラフ）であることがある。目前まで迫った後にきびすを返したり、あるいは左右に方向を急転換したりして逃走していくことがある。ただし、威嚇と本気の攻撃の見極めはとても難しいことも述べておく。このタイミングで、クマが本当の攻撃を仕掛けてきたときの対応はふたつに分かれる。ひとつは、防御姿勢、つまり手を首の後ろで組んで頸部を守り、その両肘で顔の側面をカバーして、地面に腹ばいになるというものである。通常、クマの防御的攻撃はあまり長い時間続かないはずなので、その短い時間を、急所を守りながら耐える。

トウガラシ成分であるカプサイシンを含んだペッパースプレーを持参していれば、防御姿勢を取る前に試してみる価値はある。スプレーの利用では、必ずホルスターなどを活用してすぐに取り出し発射できる状態を保つことと、クマを十分に引きつけた上で、口、鼻、目などの粘膜にめがけて噴射をする必要がある。したがって、使用については事前の練習が必要になるほか、度胸も求められる。その的確な使用に自信がないのであれば、決して過信はしないことである。

いまひとつの方法が、迫るクマと闘うという選択肢である。鉈などの得物《えもの》をぜひ携帯すべしとの意見もある。実際、このような方法で生還された方も多いようなので、否定はできない選択肢となる。素手で殴ったり、投げ飛ばしたりしてクマを退散させた例もある。ただし、これまでの人身事故事例では、被害者は顔面に重篤なケガを負っている例が多い。クマは、人を攻撃する際には、顔面を狙うことが多いためである。相対して闘うことを選んだ場合は、このようなリスクがあることを知っておくべきである。

クマ類とのこれから

ヒグマもツキノワグマも、人を殺傷するに十分な能力を持った動物であることに間違いない。その点で、単に貴重だから、愛すべき動物だからといったような理由で保護の手を差し伸べるべきではないだろう。しかし、この日本に大陸から渡来して以来、数十万年の時を経て世代交代を繰り返してきた、私たちの先輩でもある。その数は、私たちの人口一億三〇〇〇万人と比較して、たかだか両種併せても四万頭程度である。何とかうまくやっていけないものかと思う。すでに九州からはツキノワグマは姿を消しており、四国も待ったなしの絶滅危惧状態にある。

クマとの共存を進めるうえで、私たちクマに関わる人間は、さまざまな試みをしてきたと自負できる。しかし、一回の人身事故で、それら奮闘があっという間に水泡に帰すことがあることにも気づいた。それは、例を挙げれば秋田県鹿角市での連続死亡事故である。この事故を契機に、秋田県のみならず、日本の多くの地域で、ツキノワグマは怖いというイメージが大きく育ってしまった。このマイナスイメージを払拭するためには、この先長い時間が必要であろう。あるいは、クマはそのような行動を取る可能性のある動物であることを、今回の事故をきっかけにきちんと理解してもらった上で、どのような共存の道筋が考えられるのか、今一度真摯に考える好機と捉える発想の転換も必要かもしれない。そうであっても、人身事故は一件でも少なくなることに越したことはない。本書が、過去の人身事故を風化させないで記録にとどめる役割を担うことと、また将来同様の人身事故を減らすために少しでも役立つことを願ってやまない。

あとがき

本書では山でクマに遭遇して襲われた六つの事例を取り上げて検証している。事例検証という点では、ライフワークとなっている山岳遭難事故と同様のものだといっていい。

ただ、取材を進めていくなかで気がついたのは、クマとの遭遇に関しては、事故に至る「過程」が皆無に等しいということだ。山岳遭難の場合、そのほとんどは人為的ミスによって引き起こされているといわれるように、人間の側になんらかの原因がある。その原因はひとつではなく、計画段階から実際の山行に至る過程において、大小のミスがいくつか積み重なっていることが多い。つまり、事故に至る過程を明らかにすることが、同様の事故を未然に防ぐための教訓ともなるわけだ。

ところが、クマによる襲撃事故ではその過程がなく、唐突な出会い頭に起きる。もちろん、クマの出没情報をチェックする、クマ避け鈴やスプレーを持つなど、事前にとれる対策もある。クマとの距離が五〇メートルも一〇〇メートルも離れているなら、「静かにあとずさりをする」といった対応策も有効だろう。だが、本書で取り上げた事例のほとんどは、至近距離でクマと遭遇し、身構える間もなく襲われている。奥多摩・川苔山のケースでは、被害者がクマに襲われたのは、天気に恵まれた休日の、登山者で賑わう山頂直下でのことだった（このクマは子連れだったという報告もあるそうだ）。そんなときにそんな場所で、クマに襲撃されることもありうると、いったい誰が想像するだろうか。

多くの人が口をそろえるように、クマによる人身事故を防ぐには、クマと遭遇しないようにすることが最良である。しかし、どんなに気をつけていても、山に入るかぎり、クマとの遭遇を一〇〇パーセント避けることはできない。そして万が一、遭遇したときの対処法には、高島トレイルでの被害者が言っていたように、たぶん正解がないのだろう。「こうしたほうがいい」という傾向的な対処法はあるにせよ、それは無事を約束するものではなく、結局のところは、「運を天に任せるしかない」ような気がする。

今回、話を聞かせていただいた方のなかには、クマに襲われて重傷を負い、人生が変わるほどの障害が残った方もいた。また、運よく軽傷ですんだ方にも、なんらかのトラウマが残っているように感じられた。それでも彼らは異口同音に「自分たちがクマのテリトリーに入り込んでいったのだから仕方がない」と言っていた。果たして自分が当事者だったらそこまで達観できるのか、正直言ってあまり自信がない。

今、そこここで「人間とクマの共存」が話題になっている。むやみに駆除するようなやり方にはたしかに賛同できない。だが、正当に恐れることも必要だと思う。本書がこの問題を考えるうえでの一助になれば幸いである。

なお、本書では年齢を事故当時のものとし、敬称も省かせていただいた。また、当事者の意向により、一部を仮名としたこともお断りしておく。

最後になったが、本書のために快く取材に応じていただいた方々をはじめ、寄稿や監修などでご協力いただいた東京農業大学教授の山﨑晃司氏、さまざまな情報を提供してくださった方々、および山と溪谷社の神長幹雄氏には大変お世話になりました。厚くお礼申し上げます。

羽根田　治

二〇一七年八月十六日

文庫化にあたっての追記

新型コロナ元年となった二〇二〇年は、例年にも増して、各地でクマの目撃・出没情報がニュースになった年でもあった。環境省がまとめている直近五ヶ年のクマの出没情報（四月～翌年三月。北海道、九州・沖縄県は除外）によると、二〇一六年度は一万八一一六件だったのが、一七、一八年度は一万三〇〇〇件弱に減少したものの、一九年度は一万八三一四件と再び大幅に増えた。そして二〇年度は、十二月の時点ですでに二万件を突破しており、比較できる過去五年の最多を大きく更新しそうだ。クマによる人身被害も、十二月暫定値で一三八件一五三人と、国が統計を取りはじめて以降、過去最多となった前年（一三七件一五四人）を間もなく上回ろうとしている。

そんななかで大きなニュースとなったのは、人里や市街地へのクマの出没が相次いだことだ。石川県では十月十六日、白山市の田園地帯で男女四人が次々とクマに襲われて重軽傷を負うという事故が起きた。その翌日には、住宅やホテルが建ち並ぶ同県加賀市山代温泉でも男女三人がクマに襲われて軽傷を負った。そして十九日にはやはり加賀市のショッピングセンターにクマが侵入、十三時間立てこもったのちに射殺されるという騒動も勃発した。同県内ではその後も市街地で人身被害や出没情報が続発し、過去にない大量出没が大きな問題となっている。そのほか東北各県や栃木県、新潟県などでも市街地や人里でクマが再三目撃され、各自治体が対応に追われた。

このようにクマが人間の生活圏にまで現われるようになった要因としてよく挙げられるのが、里山の荒廃である。かつて、里山には適度に人間の手が入って管理されていたため、山奥に棲むクマと人里との緩衝地帯的な役割を果たしていた。しかし、近年は過疎化や高齢化などにより森林に下草が生い茂ったり、耕作地が放棄されるなどして里山の荒廃が進み、クマが身を潜めやすい環境となってしまっている。これにより、クマの生息域が人里に隣接する里山にまで広がるようになっているというわけだ。

とくにクマの食料となる堅果類（ブナ、ミズナラ、コナラなど）が不作の年には、冬眠を前にしたクマが餌を求めて人里に下りてくるため、おのずと人間と遭遇する機会が多くなり、例年以上に人身被害が多発してしまうことになる。

もともとクマは臆病な動物で、基本的に人間を怖れている。至近距離でばったり出食わさないかぎり、クマが人間を見つけたら、たいていの場合、クマのほうから逃げていく。しかし、人里にはクマの餌となるカキやクリの実、農作物などが豊富にある。その魅力が人間に対する恐怖心に勝り、何度も人里に出没しているうちに人間を恐れなくなってくる。そうした〝新世代のクマ〟の出現も、大量出没の一因とされる。また、単純にクマの個体数が全国的に増えているという指摘もある。

今の状況を招いているのは、これらの要因が複合的に重なり合った結果だと言っていいだろう。詳しくは、第四章の山﨑晃司先生の分析を参照していただきたい。

また二〇二〇年は、キャンプ場や宿泊施設から出るゴミに餌付いたクマの問題も、改めて浮き彫りになった。八月八日、上高地の小梨平キャンプ場では、幕営していた五十代の女性がツキノワグマに襲われるという事故が起きた。女性は就寝中にテントごとクマに引きずられたのち、爪による攻撃を受けて右膝を負傷した。クマの目当てはテント内に保管していた食料で、女性は辛くも逃げ出して命に別状はなかった。同キャンプ場では、事故が起きる二週間ほど前からクマによるゴミ漁りが確認されていたという。

薬師岳の登山口となる折立キャンプ場でも、以前からクマの出没が確認されていたが、この年は行動がよりエスカレートした。人身被害こそ出なかったものの、登山者のそばからザックを奪う、食事中に襲ってくる、車の窓ガラスを割って車内を物色するなど、異常行動が連続したため、キャンプ場は閉鎖措置がとられた。

環境保全に対する意識が今ほど高くなかった時代、山岳地にある宿泊施設やキャンプ場ではゴミ処理が適切に行なわれておらず、登山者やキャンパーもあまり罪悪感を持たずにゴミを捨てていたため、クマをはじめとする野生動物が餌付いてしまうことが各地で起きていた。その後、人びとの意識が高まって山のゴミ問題が改善されていき、餌付く野生動物もほとんどいなくなったが、近年になってゴミの管理・処理への取り組みが再び甘くなってきているのかもしれない。

そこへ降って湧いたのが、新型コロナウイルスの感染拡大だ。その影響により、「不要不急の外出は控えるように」と叫ばれる一方、「三密」を避けられる登山やキャンプなどの野外レジャーに注目が集まり、予想以上に大勢の人が野山に繰り出した。ところが、登山やキャンプのルール・マナーを知らない初心者がいきなり増えたことで、ゴミの放置やポイ捨てが各地で問題になるという、残念な事態を招くことにもなってしまった。

餌付いたクマは、その場所に、あるいは人間のそばに餌となるものがあることを学習しているため、それを求めて何度でも繰り返し出没する。クマを餌付かせないためには、宿泊施設やキャンプ場などがゴミ管理と処理を徹底することに加え、登山者やキャンパーがゴミを捨てないなどのルール・マナーを遵守することが求められよう。

近年は、北アルプスを中心とした標高二〇〇〇〜二五〇〇メートルの高い場所でも頻繁にクマが目撃されるようになっている。これまでテント山行では、食料を寝泊まりするテント内に保管するのが当たり前とされてきたが（ヒグマが生息する北海道の山岳地帯は例外として）、今後はそれを改めていくべきなのかもしれない。

市街地に現われるクマや餌付いたクマの存在は、クマと人間の距離がこれまでになく近くなっていることの表われだと受け取れる。だとしたら、人とクマとの不幸な遭遇を回避するために、今までの常識を疑い、状況の変化に応じて対処していく必要がある。私たちはその方法を構築していかなければならない。

最後になったが、文庫化にあたっては、『山と溪谷』二〇一八年二月号に掲載された栂池自然園での事例を、若干加筆したうえで収録したことを付け加えておく。

二〇二一年二月七日

羽根田　治

■参考文献

『北海道日高山脈夏季合宿遭難報告書』（福岡大学ワンダーフォーゲル同好会）
『山と溪谷』１９７１年６月号、７月号
「恐るべきヒグマ――カムイエクウチカウシ山の遭難から」
『慟哭の谷　北海道三毛別・史上最悪のヒグマ襲撃事件』木村盛武（文春文庫、２０１５年）
『北の山脈』１９７１年春　創刊号（北海道撮影社）
『哺乳動物学雑誌』Vol. 5 No 5「ヒグマが人間を襲った例」
『乗鞍岳で発生したツキノワグマによる人身事故の調査報告書』
（岐阜大学応用生物科学部附属野生動物管理学研究センター「乗鞍クマ人身事故調査プロジェクトチーム」）
『哺乳類科学』Vol. 50（２０１０年）
「乗鞍岳畳平で人身事故を引き起こしたツキノワグマの食性履歴の推定」
『人身事故情報のとりまとめに関する報告書』（日本クマネットワーク）
『鹿角市におけるツキノワグマによる人身事故調査報告書』（日本クマネットワーク）

■最近出版の一般書籍

『熊——人類との「共存」の歴史』ブルント・ブルンナー（白水社、2010年）
『日本のクマ——ヒグマとツキノワグマの生物学』坪田敏男・山﨑晃司・編著（東京大学出版会、2011年）
『クマが樹に登ると——クマからはじまる森のつながり』小池伸介（東海大学出版会、2013年）
『クマが襲ってきた——秋田魁新報2016報道ファイル』（さきがけブックレット、2016年）
『わたしのクマ研究』小池伸介（さ・え・ら書房、2017年）
『ツキノワグマ——すぐそこにいる野生動物』山﨑晃司（東京大学出版会、2017年）
『ムーンベアも月を見ている』山﨑晃司（フライの雑誌社、2019年）
『ヒグマ学への招待——自然と文化で考える』増田隆一・編著（北海道大学出版会、2020年）
『ツキノワグマのすべて』小池伸介・澤井俊彦（文一総合出版、2020年）
『けものが街にやってくる』羽澄俊裕（知人書館、2020年）

本書は二〇一七年十月、山と溪谷社より刊行されたものを底本といたしました。
三章の「近年のクマ襲撃事故」に、「山スキーでクマと遭遇」の項目を追加し、
「文庫にあたっての追記」を加えました。

人を襲うクマ　遭遇事例とその生態

二〇二一年三月十五日　初版第一刷発行

著　者　羽根田　治
解　説　山﨑晃司
発行人　川崎深雪
発行所　株式会社　山と溪谷社
　　　　郵便番号　一〇一-〇〇五一
　　　　東京都千代田区神田神保町一丁目一〇五番地
　　　　https://www.yamakei.co.jp/

■乱丁・落丁のお問合せ先
　山と溪谷社自動応答サービス　電話〇三―六八三七―五〇一八
　受付時間／十時～十二時、十三時～十七時三十分（土日、祝日を除く）
■内容に関するお問合せ先
　山と溪谷社　電話〇三―六七四四―一九〇〇（代表）
■書店・取次様からのお問合せ先
　山と溪谷社受注センター　電話〇三―六七四四―一九一九
　　　　　　　　　　　　　ファクス〇三―六七四四―一九二七

印刷・製本　株式会社暁印刷
定価はカバーに表示してあります

Printed in Japan ISBN978-4-635-04911-5